U0367832

高职高专"十二五"规划教材
校企合作、基于工作过程教材

工业分析实用技术

白志明　主编
吕麟华　主审

化学工业出版社

·北京·

本书是由校企合作共同开发的基于工作过程的教材。通过完成典型工作任务的过程，创设真实环境，渗透必要知识。全书主要内容包括分析检验工岗前培训、试样的采取与制备、煤质分析、硅酸盐岩矿分析、化学肥料产品分析、水质分析六个学习情境，共九个项目。

　　本书可作为高职高专工业分析与检验专业的专业教材，也可供化工、煤炭、环境等相关企业员工及工程技术人员培训选用。

图书在版编目（CIP）数据

　　工业分析实用技术/白志明主编. —北京：化学工业出版社，2014.9（2022.8重印）
　　高职高专"十二五"规划教材　校企合作、基于工作过程教材
　　ISBN 978-7-122-21403-4

　　Ⅰ.①工…　Ⅱ.①白…　Ⅲ.①工业分析-高等职业教育-教材　Ⅳ.①TB4

　　中国版本图书馆CIP数据核字（2014）第165864号

责任编辑：旷英姿　　　　　　　　　　　　　　文字编辑：林　媛
责任校对：徐贞珍　　　　　　　　　　　　　　装帧设计：王晓宇

出版发行：化学工业出版社（北京市东城区青年湖南街13号　邮政编码100011）
印　　装：北京虎彩文化传播有限公司
787mm×1092mm　1/16　印张10¾　字数251千字　2022年8月北京第1版第4次印刷

购书咨询：010-64518888　　　　　　　　　　　售后服务：010-64518899
网　　址：http://www.cip.com.cn
凡购买本书，如有缺损质量问题，本社销售中心负责调换。

定　　价：35.00元　　　　　　　　　　　　　　版权所有　违者必究

校企合作、基于工作过程教材编写单位：

甘肃工业职业技术学院

新疆青松建材化工（集团）有限公司

中国冶金地质总局西北局酒泉中心实验室

甘肃有色地质勘查局天水总队

天水质量监督局

天水环境保护局

天水焦化厂

　　高职教育的根本目的和任务是培养和造就实践技能型人才，而实训教学，又是培养和造就实践技能型人才的最重要的手段和措施。教高［2006］16 号文件《教育部关于全面提高高等职业教育教学质量的若干意见》明确指出：教学改革的重点和难点是课程建设与改革，同时也是提高教学质量的核心。高等职业院校要积极与行业企业合作开发课程，根据技术领域和职业岗位（群）的任职要求，结合相关的职业资格标准，改革课程体系和教学内容。按照上述文件精神，本书为实现学校与社会的有效对接，大力开展校企合作，紧密联系生产实际；按照职业成长规律，选择典型工作任务，突出实际操作，强化技能培养，教学做合一，渗透所需知识。

　　工业分析实用技术是工业分析与检验专业的核心课程，它是在学生学习了无机化学、有机化学、分析化学和仪器分析等课程，并具有一定的分析基础理论和基本操作技能后开设的，是分析化学和仪器分析理论在工业生产中对产品的质量、原材料及中间产品进行分析测定的具体应用。

　　本教材是一本校企合作开发的基于工作过程教材，结合企业实际和化学检验工的职业要求，从新疆青松建材化工（集团）有限公司、中国冶金地质总局西北局酒泉中心实验室、甘肃有色地质勘查局天水总队、天水质量监督局、天水环境保护局、天水焦化厂中选择了部分真实工作任务，同时在教学过程中引入了最新的国家标准。

　　本教材整合了化学检验工培训、分析化学及实验、仪器分析及实验等内容，尽量突出"实用、够用"的原则。在编写格式上每个项目分为背景知识、任务书、国家标准、技能操作、知识补充、习题和阅读材料七大部分。

　　本教材的特色与创新：（1）任务的真实性。实际工作任务全部来自校企合作单位；（2）任务的科学性。适时引入最新国家标准或行业标准；（3）职业过程的完整性。教学活动完全按照实际工作过程开展；（4）理论与实践一致性。技能操作与所需知识相互渗透；（5）课程教学的针对性。课程内容与职业标准、教学过程与生产过程"两对接"，为实习就业打下了良好基础。

　　本教材共分 6 个学习情境、9 个项目、33 个任务。建议教学时数为 100 学时，开设一个学期，教学过程中可以采用引入任务、自拟方案、方法改进、学生实际操作、老师现场指导、完成报告、技能竞赛等手段，把理论知识讲授与技能操作训练融为一体，营造"做中学、学中做"的浓厚氛围。

本书由白志明任主编并统稿，石生益、廖天录任副主编，吕麟华教授主审。具体编写分工如下：石生益编写学习情境一和学习情境六，董会平编写学习情境二，白志明编写学习情境三和学习情境四，廖天录编写学习情境五。合作企业还对教材编写的其他方面提供了帮助，在此致谢。

由于笔者水平有限仍然存在不足之处，敬请同仁、广大读者在使用中多提建议和意见。

编者
2014 年 4 月

CONTENTS 目 录

附　录

参考文献

学习情境一
分析检验工岗前培训

一、工业分析的任务、作用、研究对象及意义

工业分析是一门实践性很强的应用学科，是分析化学在工业生产上应用的分支。它涉及国防、石油、化工、轻工、煤炭、冶金、食品、药品、农药和环保等，其是研究各种原料、材料、中间体、成品、副产品和三废等组成的分析方法和有关理论的一门综合性课程，是工业生产中的物质信息与测量科学。

工业分析的作用是客观、准确地评定原料和产品的质量，其分析的过程是对工业产品进行质量过程控制，检查工艺流程是否正常，环境是否受到污染，从而做到合理组织生产，合理使用原料、燃料，及时发现问题，减少废品，提高企业产品质量，保证工艺过程顺利进行和提高企业经济效益等。因此，工业分析有指导和促进生产的作用，是国民经济制造业中不可缺少的一种专门技术，被誉为工业生产的"眼睛"，在工业生产中起着"把关"的关键作用。

工业分析的对象不仅包括岩石、矿物、石油、水质、化学原料、金属冶炼、中间产品、副产品、最终产品以及工业"三废"等，还涉及农林生产建设、国防建设、科学研究、环境保护、经济贸易等诸多方面。因此，工业分析不仅是工业生产中不可缺少的生产检验手段，同样，在国防、科研、农林、环保、商检、医学等许多部门也具有重要作用。因此工业分析在国防、经济建设及国计民生中具有重要意义。

二、工业分析的特点

由于工业分析对象的多样性和复杂性，使得分析检验工作内容十分复杂。对象不同，对分析的要求也就不同。要使整个分析过程做到科学合理，就要对分析工作任务及顺序进行系统的安排。一般来说，工业分析的全过程包括：采集样品与样品制备、分析方法的选择（拟订）、样品的分解与测定、结果计算和数据处理。在符合生产和科研所需准确度的前提下，分析快速、测定结果准确和可靠是对工业分析的普遍要求。为了满足"快速"、"准确"两个条件，工业分析必须遵循以下原则：

（1）科学合理采集样品，获得有代表性的分析试样。

（2）合理拟订分析方案，选择分析方法时必须考虑杂质对测定的干扰。

（3）选择适当的分解试样的方法，保证样品完全分解，将待测样品转变为便于测定的形式。

（4）分析方法简便、快速，重现性好。

（5）分析结果的准确度，根据生产和科研需求来决定，不追求理论上的高准确度。

大量的科学研究及生产实践说明，工业分析有时需要把化学的、物理的、物理化学的分析检验方法取长补短，配合使用，才能得到准确的分析结果。所以要求分析工作者应具有较为广泛的科学理论知识。

三、工业分析的方法

工业分析中所用的分析方法，按分析原理可分为化学分析法、物理分析法和物理化学分析法；按分析任务，可分为定性分析、定量分析和结构分析、表面分析、形态分析等；按分析对象，可分为无机分析和有机分析；按试剂用量，可分为常量分析、微量分析和痕量分析；按分析要求，可分为例行和仲裁分析；按照完成分析的时间和所起的作用不同，可分为快速分析和标准分析；按照分析测试程序的不同，可分为离线分析和在线分析。

1. 快速分析法

快速分析法的特点是分析速度快，分析误差往往比较大，因生产要求迅速得出分析数据，准确度仅只需满足生产要求。用于车间控制分析（俗称中控分析），主要是控制生产工艺过程中的关键部位。

2. 标准分析法

标准分析法的结果是进行工艺计算、财务核算及评定产品质量的依据，因此，要求有较高的准确度。此种分析方法主要用于测定原料、产品的化学组成，也常用于校核和仲裁分析。此项分析工作通常在中心化验室进行。但随着现代分析技术的发展，标准分析法也向快速化发展，而快速分析法也向较高的准确度发展。这两类方法的差别已逐渐变小且越来越不明显。有些分析方法既能保证准确度，操作又非常迅速；既可作为标准分析法又可作为快速分析法。

标准分为国际标准、国家标准、行业标准、地方标准和企业标准。国际标准是由国际性组织所制定的各种标准。其中最著名的是国际标准化组织制定的 ISO 标准和由国际电工委员会制定的 IEC 标准。我国国家标准是由中国国家标准化管理委员会发布，代号"GB"表示强制国家标准，代号"GB/T"表示推荐性国家标准。

3. 验证分析

验证分析是以专为验证某项分析结果为目的，所用方法往往是在原用标准分析法中增添一些补充操作而使其准确度提高。仲裁分析是当甲乙两方对分析结果有分歧时，以解决争议为目的的分析，所用分析方法通常是采用原用的方法，但由技术更高级别的分析人员进行，必要时可用标准分析法或经典分析方法。

4. 离线分析和在线分析

通过现场采样，把样品带回实验室处理后进行测定的方法称为离线分析。采用自动取样系统，将试样自动输入分析仪器中进行测定的方法称为在线分析。

离线分析是经典的传统工业分析方法，分析结果滞后于实际生产过程。因为不能及时发现生产中的异常情况，会影响生产的正常进行。

在线分析是伴随着生产过程的自动化而出现的，能够及时给出分析数据解决了离线分析存在的不足。在线分析就是把现代仪器安装在各种工业流程上，连续地监测各种分析数据。具有分析速度快、自动化程度高、结果准确、操作简单、可连续检测等优点。在线分析已在冶金工业、石化工业、煤炭工业、化肥工业、水泥工业、食品工业、原子能工业及环境保护等方面得到了广泛的应用。

5. 工业分析方法的选择

工业分析方法很多，选择合适的分析方法非常重要。通常，选择分析方法要考虑以下几个因素：

（1）有国家强制性标准方法的必须选择国家标准方法，没有国家标准方法的可以选择行业标准、地方标准或企业标准。

（2）分析方法的准确度和灵敏度方面考虑，应首先选择能满足标准目的要求的方法。

（3）从分析速度方面考虑，在能满足分析结果准确度要求的基础上，优先选择分析速度比较快的方法。因为分析工作进行的速度有时也能影响工业生产的完成时间，影响效益。

（4）从环境保护方法考虑，应尽量选择不使用或少使用有毒有害的试剂、不产生或少产生有毒有害物质而符合环保要求的方法。

在选择分析方法时，还应考虑分析样品的性质、共存物质的情况、实验室的实际条件等多方面的因素，权衡利弊，科学合理地进行选择。

四、检验分析中对试剂的要求及其溶液浓度的基本表示方法

（1）检验方法中所使用的水，未注明其他要求时，系指蒸馏水或去离子水。未指明溶液用何种溶剂配制时，均指水溶液。

（2）检验方法中未指明具体浓度的硫酸、硝酸、盐酸、氨水时，均指市售试剂规格的浓度。

（3）液体的滴：系指蒸馏水自标准滴管流下的一滴量，在20℃时20滴相当于1.0mL。

（4）配制溶液的要求：

① 配制溶液时所使用的试剂和溶剂的纯度应符合分析项目的要求；

② 一般试剂用硬质玻璃瓶存放，碱液和金属溶液用聚乙烯瓶存放，需避光试剂贮存于棕色瓶中。

（5）溶液浓度表示方法：

① 几种固体试剂的混合质量比或液体试剂的混合体积比可表示为（1＋1）、（4＋2＋1）等。

② 如果溶液的浓度是以质量比或体积比为基础给出，则可分别表示为质量分数或体积分数。

③ 溶液浓度以质量、容量单位表示，可表示为 g/L 或 mg/mL 等。

④ 如果溶液由另一种特定溶液稀释配制，应按照下列惯例表示。

"稀释 $V_1 \rightarrow V_2$" 表示将体积为 V_1 的特定溶液以某种方式稀释，最终混合物的总体积为 V_2。

"稀释 V_1+V_2" 表示将体积为 V_1 的特定溶液加到体积为 V_2 的溶液中，如（1＋1）、（2＋5）等。

五、实训数据处理及实验结果的表达

科学实验数据与分析结果的表示法主要有列表法、图解法和数学方程法。现简述如下。

1. 列表法

将实验数据按自变量和因变量的关系，以一定的顺序列出数据表，即为列表法。列表法具有直观、简明、易于参考比较的特点，记录实验数据多用此法。

列表法需注意：列表需扼要地标明表名；表格设计要力求简明扼要、一目了然，便于阅读和使用；表头应列出物理量的名称、符号和计算单位，符号与计量单位之间用斜线"/"隔开；行首或列首应写上名称及量纲；记录、计算项目要满足实验需要，如原始数据记录表格上方要列出实验装置的几何参数以及平均水温等常数项；注意有效数字位数，即记录的数字应与测量仪表的准确度相匹配，不可过多或过少。此外，书写时应整齐统一，小数点要上下对齐，方便数据的比较分析。

2. 图解法

实验数据图解法就是将整理得到的实验数据或结果标绘成描述因变量和自变量的依从关系的曲线图。该法可使测量数据间的关系表达得更为直观，能清楚地显示出数据的变化规律：极大、极小、转折点、周期性、变化速率和其他特性；准确的图形还可以在不知数学表达式的情况下进行微积分运算。例如，用滴定曲线的转折点（一次微商的极大）求电位滴定的终点以及用图解积分法求色谱峰等。因此，图解法应用广泛。实验结果处理中，图解法应遵循以下几个原则。

（1）坐标纸的选择　作图首先要选择坐标纸。坐标纸分为直角坐标纸、单对数或对数坐标纸、三角坐标纸等几种，其中最常用的是直角坐标纸。若一个坐标是测量值的对数，则要用单对数坐标纸，如直接电位法中电位与浓度曲线的绘制；若两个坐标都是测量值的对数，则要用双对数坐标纸，如电位法中连续标加法用特殊的格氏图纸来作图求解。

（2）坐标标度的选择

① 习惯上横坐标表示自变量，纵坐标表示因变量。

② 要能表示全部有效数字。

③ 坐标轴上每小格的数值，应方便易读，且每小格所代表的变量应为 2、5 的整数倍为好，不应为 3、7、9 的整数倍。

④ 坐标的起点不一定是零，而从略低于最小测量值的整数开始，可使坐标纸利用更充分，作图更紧凑，读数更精确。

⑤ 直角坐标的两个变量全部变化范围在两轴上表示的长度要相近，以便正确反映图形特征，坐标标度的选择应使直线与 x 轴成 45℃夹角。

（3）图纸的标绘

① 各坐标轴应标明其变量名称及单位，并每间隔一定距离标明变量的分度值，注意标记分度值的有效值的有效数字应与测量数据相同。

② 标绘数据点时，可用符号代表，如用 ⊙，它的中心点代表测得的数据值，圆的半径代表测量的精密度。若在一张坐标纸上同时标绘几组测量值，则各组要用不同符号表示，如

·、⊕、×、⊙、△等，并在图上对这些符号进行说明。

③ 绘图时，若两个量呈线性关系，按点的分布作一直线，所绘的直线应尽量接近各点，但不必通过所有点，应使数据点均匀分布在线的两旁，且与曲线的距离应接近相等；若绘制曲线，曲线要求光滑均匀，细而清晰，可用曲线板绘制，如有条件鼓励用计算机作图。

3. 数学方程法

数学方程法是将实验数据绘制成曲线，与已知的函数关系式的典型曲线（线性方程、幂函数方程、指数函数方程、抛物线函数方程、双曲线函数方程）进行对照选择，然后用图解法或者数值方法确定函数式中的各种常数。所得函数表达式是否能准确地反映实验数据所存在的关系，应通过检验加以确认。其中常用的直线方程拟合的方法：直线方程的基本形式是：$y = ax + b$，直线方程拟合就是根据若干自变量 x 与因变量 y 的实验数据确定 a 和 b。其中通过最小二乘法确定的系数为

$$\begin{cases} a = \dfrac{n\sum x_i y_i - \sum x_i \sum y_i}{n\sum x_i^2 - (\sum x_i)^2} \\ b = \dfrac{\sum y_i}{n} - a\dfrac{\sum x_i}{n} \end{cases}$$

目前，运用计算机将实验数据结果回归为数学方程已成为实验数据处理的主要手段。

六、实训室废弃物的处置

在实训、科学实验、生产实践、检测等的过程中，不可避免地会产生大量的废液、废气、废物，即"三废"物质，如果处置不当，定会对环境产生危害，损害人体健康。如 SO_2、NO、Cl_2 等气体对人的呼吸道有强烈的刺激作用，对植物也有伤害作用；As、Pb 和 Hg 等的化合物进入人体后，不易分解和排出，长期积累会引起胃疼、皮下出血、肾功能损伤等，氯仿、四氯化碳等能致肝癌；多环芳烃能致膀胱癌和皮肤癌；某些铬化合物触及皮肤会引起其溃烂不止等。为此我国出台了《中华人民共和国固体废物污染环境防治法》、《中华人民共和国水污染防治法》等相关法律、法规。因此学生必须学习处理实训过程中废弃物的方法，严格执行老师提出的要求，防止环境污染，必须对实训过程中产生的毒害物质进行必要的处理后再排放。

（一）常用的废液处置方法

1. 酸碱废液采取中和法

酸碱性废液都不能直接倒入水槽中，否则会腐蚀管道。酸性废液宜用适当浓度的碳酸钠或氢氧化钙水溶液中和后，再用大量水冲稀排放；碱性废液宜用适当浓度的盐酸中和后，再用大量水冲稀排放。

2. 含有机物的废液采取萃取法

将与水不相互溶但对污染物有良好溶解性的萃取剂加入废水中，充分混合，以提取污染物，从而达到净化废水的目的。例如，含酚废水就可以采用二甲苯作为萃取剂。

3. 含重金属离子的废液采取化学沉淀法

在含有金属离子的废水溶液中加入某些化学试剂，与其中的污染物发生化学反应生成沉淀，分离除去。如汞离子、铜离子、铅离子、镍离子等，碱土金属如钙离子、镁离子，以及

某些非金属离子如砷离子、硫离子、硼离子等，均可采用此法除之。

化学沉淀法又分为氢氧化物沉淀法、硫化物沉淀法、钡盐沉淀法等。

（二）常用的废气处理方法

1. 溶液吸收法

指采用适当的液体吸收剂处理气体混合物，除去其中有害气体的方法。常用的液体吸收剂有水、酸性溶液、碱性溶液、氧化剂溶液和有机溶剂。它们可用于净化含有 SO_2、HF、SiF_4、HCl、汞蒸气、酸雾、沥青烟和各种含有有机化合物蒸气的废气。

2. 固体吸收法

是将废气与固体吸收剂接触，废气少的污染物吸附在固体表面即被分离出来。它主要用于废气中低浓度的污染物的净化，常用的吸附剂及处理的吸附物质见表1-1。

表 1-1　常见固体吸附剂及吸附物质

固体吸附剂	吸附物质
活性炭	苯、甲苯、二甲苯、丙酮、乙醇、乙醚、甲醛、汽油、乙酸乙酯、苯乙烯、氯乙烯、恶臭物、H_2S、Cl_2、CO、CO_2、SO_2、NO、CS_2、CCl_4、$CHCl_3$、CH_2Cl_2
浸渍活性炭	烯烃、胺、酸雾、硫醇、H_2S、Cl_2、CO、CO_2、SO_2、HF、HCl、NH_3、Hg、$HCHO$
浸渍活性氧化铝	酸雾、Hg、HCl、$HCHO$
硅胶	H_2O、NO_x、SO_2、C_2H_2
分子筛	H_2O、NO_x、SO_2、CO_2、CS_2、H_2S、NH_3、C_2H_2、CCl_4
焦炭粉粒	沥青烟
白云石粉	沥青烟

3. 常用的废渣处理方法

固体废渣的处理主要采用掩埋法。有毒的废渣须先经化学处理后深埋在远离居民区的指定地点，以免毒物溶于地下水而混入饮用水中；无毒废渣可直接掩埋，掩埋地点应作记录。此外，对于有毒不易分解的有机废渣（或废液），可以用专门的焚烧炉进行焚烧处理。

七、化学检验工职业道德

工业分析对应的职业工种为化学检验工，具体要求见国家职业标准（化验员手册）。化学检验工的职业道德要求包括：

（1）客观公正，实事求是　被分析检测的对象是客观存在的，化学检验工的职业是真实再现客观事实。作为一名化学检验工不能受外界因素干扰，不能随意更改数据。

（2）认真仔细，高度负责　对于每个数据、每个计算要认真仔细，不能心存侥幸，应保证数据准确无误，同时要对自己报出的数据负责，经得起审核。

（3）摆正位置，服从领导　化学检验工职业是对采购、生产、销售各部门的质量监督，在实际工作中，可能会出现不理解或误解的现象，一定要通过正常渠道反映情况，服从领导，服从大局。

（4）认真学习，不断提高　坚持学习新技术、新方法，在技术上做到精益求精，不断提高业务水平，做一名优秀的化学检验工。

1. 简述工业分析的任务及发展方向。
2. 工业分析的方法按其在生产上所起的作用应如何分类？各分析方法的特点是什么？
3. 我国现行的标准主要有哪几种？它们都是由哪些部门制定和颁布的？
4. 为什么要制定国家标准？它们在工业生产中的作用是什么？
5. 化学检验工应具备哪些素养？

阅读材料

石墨炉原子吸收光谱仪（型号：AA9000），实现了石墨炉和自动化技术的完美结合。将石墨
炉和自动进样器结合为一个模块，解决了切换
过程中的自动进样器调节和光路校正问题。

可以与火焰原子吸收光谱仪配合使用，从
高浓度的 10^{-6} 级到痕量的 10^{-9} 级都可以分析；
原子化器无需切换，大大简化了操作。

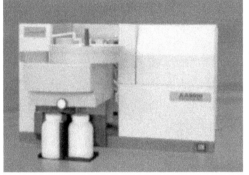

1. 技术参数

石墨炉系统：

最大升温速度 $\geq 3000℃/s$

石墨炉工作温度室温～3000℃

特征量 $Cd \leq 1pg$，$Cu \leq 10pg$

精密度相对标准偏差 $Cd \leq 3\%$，$Cu \leq 3\%$ 质量80kg

尺寸 700mm×550mm×440mm

安全过电流保护，保护气体压力不足报警/过温自动停止升温

电源 220V AC

功率 6000W 瞬时最高功率

操作明了，功能强大的分析软件

2. 全自动控制和质量控制

即使第一次使用的操作者，也同样可以获得最优化的条件。仪器的安全联锁系统持续不断
地监控系统中的安全关键部件，包括燃气和助燃气状态、火焰是否点燃、气体压力和流量等许
多项目。如果系统发现有任何一个项目存在不安全因素，火焰将被自动熄灭。开机自检，自动
检测通讯、波长、狭缝和灯位置等。自动转换波长、狭缝大小、灯位置等。

仪器还配备：火焰燃助比控制；石墨炉升温程序控制，自动稀释，自动配置曲线等；保存
所有不同统计方法的质量控制图；对于超标浓度的各种处理方法和相应方式。

3. 在线帮助功能

AA9000提供专家级的全方位提示与帮助，提供所有元素的光谱特性，火焰、石墨炉及氢化

物法的参数及性能，干扰的消除，基体改进剂的选择等。

4. 主要特点

6 灯塔，并可多灯同时预热；45 位或者 85 位自动进样器；体积小，全自动过程控制；自吸收扣背景，氘灯扣背景。

5. 气体控制

采用管内和管外两路气体分别控制，分析过程中管外保持通气，管内气体在原子化阶段停气，有效地保护石墨管，最大限度延长其寿命，又可获得高分析灵敏度。

6. 安全性

气体压力不足报警，并自动停止升温；冷却水量不足报警，并自动停止升温；温度过热报警，并自动停止升温。

7. 石墨炉温度控制技术

PID 技术的引入有效克服了电压波动对温度的影响，使温控过程每一个阶段都能准确控制，外界电源的变化几乎对灵敏度和重复性无影响，测量数据重复性好。

学习情境二
试样的采取与制备

采样是指从被检测的总体物料中取得有代表性的分析试样的过程。工业分析的具体对象是大宗物料（千克级、吨级甚至万吨级），而实际用于分析测定的物料只能是其中很小一部分（克甚至是毫克）。显然，这很小一部分物料必须能代表大宗物料，即和大宗物料有极为相近的平均组成。试样的采取是个很重要的问题，采样的目的就是采取能代表原始物料平均组成（即有代表性）的分析试样。若分析试样不能代表原始物料的平均组成，即使后面的分析操作很准确，也是徒劳，其分析结果仍然是不可靠的。因此，用科学的方法采取供分析测试的分析试样（即样品）是分析工作者的一项极其重要的工作。一定要十分重视样品的采取与制备，不仅要做到所采取的样品能充分代表原始物料，而且在操作和处理过程中还要防止样品变化和污染。

一、采样的基本术语

1. 采样单元

具有界限的一定数量物料。这里所说的界限可能是有形的，如一个容器；也可能是无形的，如物料流的某一时间或时间间隔。

2. 份样（子样）

用采样器从一个采样单元中一次取得的一定量的物料。

3. 样品

从一个采样单元中取得的一份或若干个份样。

4. 原始平均试样

合并所采取的所有份样得到的样品。

5. 分析化验单位

即采取一个原始平均试样的物料的总量，其可大可小，主要取决于分析的目的。可以是单件，也可以一批物料。但对于大量的物料而言，分析化验单位不能过大。例如对商品煤而言，一般不超过1000t。

6. 实验室样品

为送往实验室供分析检验而制备的样品。

7. 试样

由实验室样品制备的，从中抽取试料的样品。

8. 试料

从试样中取得的，并用来进行检验或观测的一定量的物料。

9. 备考样品

与实验室样品同时同样制备的样品，在有争议时，它可为有关方面接受用作实验室样品。

10. 部位样品

从物料的特定部位或在物料流的特定部位和时间取得的一定数量或大小的样品，如上部样品、中部样品或下部样品等。部位样品是代表瞬时或局部环境的一种样品。

二、采样方法

1. 水样样品的采集

为进行检测分析而从水体中采取的能反映水体水质状况的水叫做水样。将水样与水体分离出来的过程就是采样。水样的采取必须根据试验目的，按照工业用水及工业废水的性质选用不同的方法进行采样。对于采样方法有特别规定时，则按有关规定进行采样。

（1）采样容器　用来存放水样的容器称水样容器（水样瓶）。常用的水样容器有无色硬质玻璃磨口瓶和具塞的聚乙烯瓶两种。

① 硬质玻璃磨口瓶　由于玻璃无色、透明，具有较好的耐腐蚀性，易洗涤干净等优点，硬质玻璃磨口瓶是常用的水样容器之一，但是硬质玻璃容器存放纯水、高纯水样时，由于玻璃容器有溶解现象，使玻璃成分如硅、钠、钾、硼等溶解进入水样之中。因此玻璃容器不适宜用来存放测定这些微量元素成分的水样。

② 聚乙烯瓶　由于聚乙烯有很高的耐腐蚀性能，不含重金属和无机成分，而且具有质量轻、抗冲击等优点，是使用最多的水样容器。但是，聚乙烯瓶有吸附重金属、磷酸盐和有机物等的倾向。长期存放水样时，细菌、藻类容易繁殖，另外，聚乙烯易受有机溶剂侵蚀，使用时要多加注意。

③ 特定水样容器　锅炉用水分析中有些特定成分测定，需要使用特定的水样容器，应遵守有关标准的规定。如溶解氧、含油量等的测定，需要使用特定的水样容器。

（2）容器的洗涤　新启用的硬质玻璃瓶和聚乙烯塑料瓶，必须先用硝酸溶液（1＋1）浸泡一昼夜，再分别选用不同的洗涤方法进行清洗。

① 硬质玻璃瓶先用盐酸溶液（1＋1）洗涤，再用自来水冲洗。

② 聚乙烯塑料瓶可根据情况，选用盐酸或硝酸溶液（1＋1）洗涤，也可用氢氧化钠溶液（10％）洗涤，再用自来水冲洗。

③ 用于盛装微生物检验样品的样瓶，最好采用 50mL 具塞广口瓶。样瓶洗净后将瓶的头部及颈部用铝箔或牛皮纸等防潮纸包扎好，置于 160℃ 干热灭菌 2h 或 121℃ 高压蒸气灭菌 15min。

（3）采样量　采集水样的数量应满足试验和复核需要。供全分析用的水样不得少于 5L，若水样混浊时应装两瓶。供单项分析用的水样不得少于 0.3L。表 2-1 为水质部分监测项目的采样量。

表 2-1　水样的采集量

监测项目	水样采集量/mL	监测项目	水样采集量/mL
悬浮物	100	硬度	100
色度	50	酸度、碱度	100
浊度	100	氯化物	50
pH	50	溶解氧	300
电导率	100	COD	100
磷酸盐	50	BOD_5	1000

（4）工业用水的采样方法　地面水、地下水及自来水等都可作为工业用水。根据水的用途，工业用水又分成原料用水、产品处理用水、锅炉用水、洗涤用水及冷却水等。根据不同水源，工业用水取样方法如下。

① 自来水或抽水机阀下取样　先放开水阀 10min 左右，使残留在水管中的杂质冲洗掉，在阀上套上橡皮管，继续放水几分钟，把管的另一端插入瓶底，开阀取样。

② 井水或江河、湖泊深处取样　样瓶装在金属框中，框底系一洗净的铅块或砖块，框顶系有一根有刻度标志的绳子，以控制取样的深度，另有一根绳子系在瓶塞上，当样瓶沉入水中预定深度时，即拉绳打开瓶塞取样，如图 2-1。

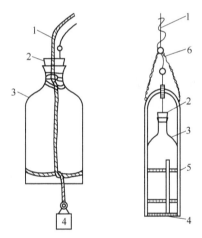

图 2-1　简单采样器

1—绳子；2—带有软绳的橡胶塞；

3—采样瓶；4—铅锤；5—铁框；6—挂钩

③ 江河、湖泊表面上取水样　将样瓶浸入水下 30～50cm 处，开瓶取样，当水面较宽时，应在不同的断面分别取样。

（5）工业废水的采样方法　工业废水是指工厂或企业生产过程中排出的各种废水的总称，包括工艺过程用水、冷却水、洗涤水等。工业废水可分为物理污染水、化学污染水、生物及生物化学污染废水三种类型以及混合污染废水。工业废水采样的主要步骤如下。

① 采样点设置

a. 在车间或车间设备出口处布点采样，测定一类污染物。这类污染物主要有重金属、有机氯及强致癌物质。

b. 在工厂总排污口布点采样，测定二类污染物，这类污染物主要有悬浮物、硫化物、挥发酚、氰化物、石油类、有机磷、硝基苯及苯胺类。

　　c. 有处理设施的工厂应在处理设施的排水口处布点采样。为了解对废水的处理效果，应在进水口和出水口同时布点采样。

　　d. 在排污渠道上采样。采样点应设在渠道较直、水量稳定之处。

　　② 采样时间和采样方式。工业废水中污染物质的含量和流量随着工厂生产情况经常发生变动。因此，首先要测定废水流量，并根据废水的性质、排放情况及检验项目的要求，采取不同方式取样。

　　a. 瞬时废水样。对于生产工艺连续、稳定的工厂，所排放废水中的污染组分及浓度变化不大，瞬时水样具有较好代表性。对于某些特殊情况，如废水中污染物质的平均浓度合格，而高峰排放浓度超标，这时也可间隔适当时间采集瞬时水样，并分别测定，将结果绘制成浓度-时间关系曲线，以得知高峰排放时污染物质的浓度，同时也可计算出平均浓度。

　　b. 平均废水样。由于工业废水的排放量和污染组分的浓度往往随时间起伏较大，为使监测结果具有代表性，需要增大采样和测定频率，但这势必增加工作量，此时比较好的办法是采集平均混合水样或平均比例混合水样。前者是每隔相同时间采集等量废水样混合而成的水样，适于废水流量比较稳定的情况；后者是在废水流量不稳定的情况下，在不同时间依照流量大小按比例采集的混合水样。有时需要同时采集几个排污口的废水，并按比例混合，其监测结果代表采样时的综合排放浓度。

　　例如，啤酒工业污染物排放。采样点设在企业废水排放口，在排放口必须设置排放口标志、废水水量计量装置，pH、COD 水质指标应安装连续自动监测装置。采样频率按每 4h 采集一次，一日采样 6 次。味精工业污染物排放，采样点设在企业废水排放口，采样频率按生产周期确定，生产周期在 8h 以内的，每 2h 采集一次；生产周期大于 8h 的，每 4h 采集一次，排放浓度取日均值。

　　(6) 水样的保存　水样采取后应尽早分析，如不能立即分析，应妥善保存，供物理和化学分析的水样允许存放时间为：洁净的水，72h；稍污染的水，48h；受污染的水，12h。

　　水样中的酚类、氰、硫化物、重金属、氮化合物及有机物等成分易发生变化，还需分别进行预处理后保存。保存方法一般采用控制 pH，加入保存剂，冷藏和冰冻。在保存时，以下分析项目水样添加药品及保存方法如下。

　　① 溶解氧。应用溶解氧取样瓶取样，加入 1mL 硫酸锰和 3mL 碱性碘化钾溶液固定氧。

　　② 化学需氧量、生化需氧量。保存于冰箱中，温度 3~5℃，并尽快测定。

　　③ 重金属元素。每升水样中加 5mL 1∶1 盐酸，使其 pH 为 1 以下保存。但对于汞则用硝酸调节。

　　④ 氰。每升水样加氢氧化钠 0.5g，使 pH 达 11 以上，然后 4℃ 冷藏，24h 内测定。

　　⑤ 酚。加入磷酸调 pH 到 4 以下，每升水样添加硫酸铜 1g，5~10℃ 低温保存，24h 内测定。

　　⑥ 含氮化合物。每升水样加 2mL（1+3）硫酸使 pH 达 2~3，保持含氮化合物不发生变化，分析前再用碱溶液中和，24h 内测定。

2. 固态物料样品的采集

　　(1) 不同包装中固态工业产品的采集　如对于袋装化肥，通常规定 50 件以内抽取 5 件；51~100 件，每增 10 件，加取 1 件；101~500 件，每增 50 件，加取 2 件；501~1000 件以内，每增 100 件，加取 2 件；1001～5000 件以内，每增 100 件，加取 1 件。将子样均匀地分布于该批物料中，然后，用采样工具进行采集。

自袋、罐、桶中采集粉末装物料样品时，通常采用取样钻。取样钻钻身 750mm，外径 18mm，槽口宽 12mm，下端 30°角锥的不锈钢管或铜管。如图 2-2 所示。

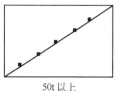

取样时，将取样钻由袋（罐、桶）口的一角沿对角线插入袋（罐、桶）内的 1/3～3/4 处，旋转 180°后抽出，刮出钻槽中物料作为一个子样。

（2）商品煤样品的采集

① 料流中采样　在物料流中采样，通常采用舌形铲，一次横断面采取　图 2-2　取样钻
一个子样。采样应按照左、中、右进行布点，然后采集。在横截皮带运输机采样时，采样器必须紧贴皮带，而不能悬空铲取物料。

② 运输工具中的物料　当车皮容量为 30t 以下时，沿斜线方向，采用三点采样；当车皮容量为 40t 或 50t 时，采用四点采样；当车皮容量为 50t 以上时，采用五点采样。

商品煤采样点图：

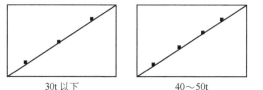

| 30t 以下 | 40～50t | 50t 以上 |

③ 物料堆中采样　进厂的成批物料，如果在运输过程中没有取样，进厂后可在分批存放的料堆上取样。其方法是：在料堆的周围，从地面起每隔 0.5m 左右，用铁铲划一横线，然后每隔 1～2m 划一竖线，间隔选取横竖线的交叉点作为取样点，如图 2-3 所示。在取样点取样时，用铁铲将表面刮去 0.1m，深入 0.3m 挖取一个子样的物料量，每个子样的最小质量不小于 5kg。最后合并所采集的子样。

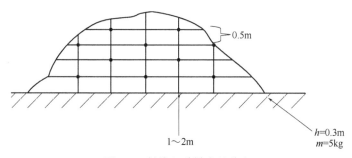

图 2-3　料堆上采样点的分布

④ 矿石物料样品的采集　矿山取样一般采用刻槽取样、钻孔取样、炮眼取样、炼块取样或沿矿山开采面分格取样等方法。

⑤ 建材行业生产过程中的半成品和成品取样　出磨生料、水泥的取样；水泥熟料的取样；出厂水泥取样；陶瓷半成品和成品的取样；玻璃成品的取样。

⑥ 钢样样品的采集　熔炼阶段分析试样的采集；钢材分析试样的取样。

3. 采样注意事项

采样前，应观察样品容器是否有破损、污染、泄漏等现象。然后再分析容易产生误差的

因素，制定出使误差减少到最低程度的采样方法。

（1）采样时，要预先测量管道不同断面上的许多样点后，才能决定采样点的正确位置。

（2）采样管道不能太长，否则就引起采样系统的时间滞后，使样品失去代表性，应使用短的、孔径小的导管为宜。封闭液要使样气饱和后再使用。

（3）对高纯气体，应每瓶采样。

三、固体试样的制备

固体试样的制备，我国地质系统有规定，样品加工人员必须严格遵守。如果在加工过程中采取的操作方法不恰当，会使分析结果不能代表原始样品的组成。根据这样的分析结果指导找矿、勘探或计算储量，就会造成错误，给国家建设带来损失。所以加工人员对待矿样加工的操作规程应和对待分析质量检查制度一样严肃认真。

送到化验室的原始样品可能是几千克或几十千克，而化学分析一般只需几克或几十克试样，因此须对原始样品进行粉碎和缩分。

原始样品经过粗碎、中碎、细碎和缩分，最后处理成 $300\sim500g$。根据分析项目的需要。分取 $100\sim200g$ 进行分析；余下的保存作为副样，以备进行检查分析和组合分析用。

1. 决定样品最低可靠质量的因素

依照试样制备应遵循的原则，要从样品中取出少量的能够代表其组成的试样。首先需要考虑决定样品最低可靠质量的因素，这些因素包括：

（1）样品粒度　颗粒越大，样品的最低可靠质量越大。

（2）样品密度　密度越大，样品的最低可靠质量越大。

（3）被测组分的含量　含量越小，样品的最低可靠质量越大。

（4）均匀程度　样品越不均匀，其最低可靠质量越大。

（5）分析的允许误差　允许误差越小，样品的可靠质量越大。

2. 样品缩分公式

在上述因素中，分析的允许误差、被测组分的含量和试样的密度等，可以认为是固定的因素，因为它们在同一种样品的粉碎和缩分过程中是固定不变的。在粉碎的过程中，粒度变小，均匀程度增大，使样品的最低可靠质量减小。切乔特等根据上述关系并依据实践验证，总结出缩分公式为：

$$Q=Kd^a$$

式中，Q 为样品的最低可靠质量，kg；d 为样品的最大颗粒直径，mm；K 为样品的岩矿特性确定的缩分系数。

a 和 K 一般由实验求得，a 的数值介于 1.5 和 2.7 之间；K 值与岩矿种类、岩矿石中元素的品位变化和分布均匀程度等因素有关，凡变化越大、越不均匀者，其 K 值越大。一般样品 K 值为 $0.02\sim0.5$，对特殊样品可达到 1 或大于 1。

切乔特等人把 a 规定为 2，省略用实验求 a 的麻烦，仅由实验求 K 的数值，于是上式可简化为：$Q=Kd^2$。

此式称为经验缩分公式。这个公式是样品缩分时的依据，样品每次缩分时保留的质量不得小于 Kd^2。例如，某样品的 K 值为 0.2，粉碎到全部样品通过 20 号筛（$d=0.84mm$）后，根据缩分公式得出：

$$Q=Kd^2=0.2\times0.84^2=0.141(\text{kg})$$

所以该样品最低允许缩分到141g，不得小于该值。如果需要再进行缩分，则必须进一步粉碎，使样品通过更小号筛，然后才能进一步缩分。

在实际工作中，地质队不一定对每个矿区都进行 K 值的测定。通常采用文献上 K 值的经验数值进行样品的加工缩分。各类样品经常采用的 K 值如表2-2。

表 2-2　主要岩矿石的缩分系数（K 值）

岩矿石种类	K 值
铁、锰（接触交代、沉积、变质型）	0.1～0.2
铜、钼、钨	0.1～0.5
镍、钴（硫化物）	0.2～0.5
镍（硅酸盐）、铝土矿（均一的）	0.1～0.3
铝土矿（非均一的、如黄铁矿化铝土矿）	0.3～0.5
铬	0.3
铅、锌、锡	0.2
锑、汞	0.1～0.2
菱镁矿、石灰岩、白云岩	0.05～0.1
铌、钽、锆、锂、铷、铯、钪及稀土元素	0.1～0.5（一般用0.2）
磷、硫、石英岩、高岭土、黏土、硅酸盐、萤石、滑石、蛇纹石、石墨、盐类矿	0.1～0.2
明矾石、长石、石膏、砷矿、硼矿	0.2
重晶石（萤石重晶石、硫化物重晶石、铁重晶石、黏土重晶石）	0.2～0.5

3. 一般样品的加工程序

（1）要求及加工过程

① 来样加工前，要检验送来的样品质量和粒度是不是符合缩分公式的要求。若 Q 为送样量，$Q=nKd^2$，即 $n=Q/Kd^2$，则由 n 值的大小可以确定送样量是否合理，是否还可以进一步缩分等。判别时，可能出现三种情况。

a. $n>2$ 时，可以进行缩分，设缩分次数为 x

$$n=2^x=\frac{Q}{Kd^2}$$

$$x=\frac{\lg\dfrac{Q}{Kd^2}}{\lg2}=3.32\lg\frac{Q}{Kd^2}$$

缩分 x 次后，再进行加工粉碎。

b. $2>n\geqslant1$ 时，不必进行缩分，应直接加工粉碎。

c. $n<1$ 时，送样不够，应当与地质队协商，要求增加送样量。

② 如送来加工的原始样品湿度太大，不便加工，则需先将样品摊开风干或晒干，必要时也可用烘箱烘干。为此，应根据不同矿种选用烘样温度（见表2-3）。

③ 应拣出样品中的木片、纸屑等杂质。刻样槽、钻孔样，要

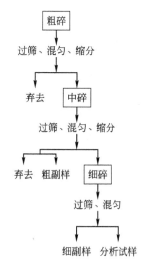

图 2-4　样品加工流程

检查有无铁钉、铁屑、钢砂等物混入，如有应使用磁铁吸除，以免铁质污染样品并损坏机器。

④ 样品加工流程一般分三个阶段：粗碎、中碎、细碎。每个阶段又包括四个工序：破碎、过筛、混匀与缩分。一般样品的加工流程如图 2-4。

表 2-3　各类岩矿样品烘样温度和加工后的粒度

岩石样品种类	碎后粒度/mm	烘样温度/℃	备注
花岗岩等各种硅酸盐	0.097～0.074	105	
石灰石、白云石、明矾石	0.097	105	
石英岩	0.074	105	
高岭土、黏土	0.097～0.074	不烘样、校正水分	
磷灰石	0.125	105～110	GB 1869—80
黄铁矿	0.149	100～105 或不烘样、校正水分	GB 2460—81
硼矿	0.097	60	
石膏	0.125	55	
芒硝	0.250～0.177	不烘样、校正水分	
铁矿	0.097～0.074	105～110	
锰矿	0.097	不烘样、校正水分	
铬铁矿、钛铁矿	0.074	105	
铜矿、铅锌矿	0.097	60～80	
铝土矿	0.097～0.074	105	
钨矿、锡矿	0.097～0.074	105	
铋矿、锑矿、钼矿、砷矿	0.097	60～80	
镍矿、钒矿、钴矿	0.097	105	
汞矿	0.149	不烘样	
金、银、铂、钯矿	0.074	60～80	
油页岩	0.250～0.177	不烘样	
铀矿	00.97～0.074	105	
化探样品	0.097～0.074	不烘样	
物相分析、亚铁测定	0.149	不烘样	
稀有元素矿	0.097	105	
金红石	0.097	105	
蛇纹石、滑石、叶蜡石	0.097	105	
天青石、重晶石、萤石	0.097	105	
岩样样品	0.149	不烘样、校正水分	
单矿物样品	0.074	105	
炭质页岩	0.097	105	
泥质页岩	0.125	105	

（2）破碎

① 粗碎　原始样品一般用颚式破碎机破碎至 2～5mm，相当于 2.38 筛，或 4.76 筛。

对钻探岩心或探槽中的大块样品，可以事先用 12 磅锤在铁板上砸成小块，直到能进入颚式破碎机为止。颚式破碎机有两块颚板，可以调整距离，控制破碎粒度的大小。

为了减少工作量，样品可事先过筛，称为预筛。筛上样品经颚式破碎机碎至全部通过此筛，称为检查过筛。将预筛和检筛的样品混匀后，按缩分公式进行缩分。

② 中碎 一般用对辊式破碎机或圆盘细碎机将粗碎后的样品破碎至 $0.84\sim1mm$，使其全部过 20 或 18 号筛。

对辊机在空载运转时，调节两辊之间的距离，已达到适当的状态。四盘机的两块立式磨盘间的距离，可用活节螺丝调节，以控制破碎粒度。

③ 细碎 中碎缩分后的样品，用圆盘细碎机或棒磨机破碎至所需粒度。防污染的样品或小量的样品可用玛瑙型星式球磨机或玛瑙钵三头研磨机破碎至所需粒度。

用棒磨式细碎前，需将样品烘干，再将样品装入放有钢棒的钢筒内，加盖并拧紧螺丝，将钢筒固定在机器两辊上，进行滚磨，控制滚磨的时间，即可达到所需粒度。

三头研磨机，是依靠电机带动磨头和研钵转动来研磨样品的。球磨机的作用是把试样和玛瑙球一起放入容器中，盖紧后，容器随电机不断地转动，由于玛瑙不断翻腾、打滚把试样逐步磨细，同时也起到混合样品的作用。行星式球磨机一般用 $250mL$ 玛瑙罐，装入玛瑙球数目和大小球的比例、磨样时间、转速和装样量，通常先经试验求得。

玛瑙管型星式球磨机、三头研磨机、高铝瓷球磨机是近年来研制的防污染设备。如应用于玻璃及陶瓷原料所用的石英砂、石英岩、高岭土、黏土、瓷土等试样的制备、单矿物样品和化探样的制样过程，以免混进铁质，确保分析质量。

不同性质的岩石矿物样品，所要求加工的粒度不同，具体加工后粒度见表 2-3。

④ 碎样过程应注意的事项

a. 在每个样品破碎前，须先将机械的各部清扫干净。根据不同机械的特点，使用刷子、抹布或压缩空气清扫。

b. 碎样时应尽量防止粉末飞溅。偶尔跳出的大粒，须放回碎样器内，继续破碎。整个破碎过程，损失不得超过全部样品的 5%。

c. 碎样过程中，任何未能磨细过筛的颗粒都不能弃去，必须破碎至全部通过筛孔。

d. 加工过程由于挤压、摩擦等作用，温度升高，会使某些样品发生化学变化，例如：结晶水的损失；由于破碎，样品表面积增大，吸水能力增强；一些低价矿物变为高价，高价的变为低价等。这些变化会使某些项目的测定结果产生误差。因此对于这些类型的样品在加工过程中根据样品的性质采取相应的措施。

（3）过筛及标准筛号与孔径的关系 在破碎过程中，过筛样品必须全部通过规定的筛号，少量不能过筛的样品，粗碎时，可用中碎机碎细至全部过筛，中碎时，可用圆盘细碎机碎至全部过筛；细碎时用玛瑙研钵研细至全部过筛。

① 过筛与孔径的关系 粗碎时用的筛子，有手筛和大筛。大筛有一个长方形的木框，底部绷有粗铁丝网。

中碎和细碎用的筛子，多为铜线筛。筛框由黄铜板、铸铝或塑料制成，框高为 $10cm$。框的直径有 $20cm$。筛网由一定粗细的铜丝制成，筛孔较粗的筛网，有的用铝或塑料薄片钻孔而成。筛孔为正方形或圆形，筛框和筛框相互套在一起，故称套筛。每套筛子上有盖，下有底。使用时将大孔径的筛子套在小孔径的筛子上面，使其有一定的顺序。套上筛底后，将样品放入顶部筛子中，盖好盖，拿住整套筛子，用力摇动；或放于振荡器上使其振动；如能利用超声波振动器加速细筛的筛分就更好。例如，采用 10 号筛，60 号筛，100 号筛，170 号筛组成一套筛进行筛分。按这个次序排好，10 号筛子在最上，170 号筛子在下，套上底。将样品放入 10 号筛子中，盖好盖，进行振荡。样品按其粒度分布在各个筛子和筛底中。大于 2mm 的样品留在 10 号筛子中，这时应将 10 号筛上面的样品破碎，使其完全通过 10 号筛。60 号、100 号、170 号筛逐次进行破碎筛分，直至样品完全通过 170 号筛，即达到要求的粒度（小于 0.88），然后将其分为两份，一份为分析试样，一份为副样。

② 标准筛号及孔径的关系　筛的网目是指一英寸长度（25.4mm）筛网上的筛孔数，如 100 网目（或 100 号筛）是指一英寸长度的筛网上有 100 个筛孔，除掉铜丝占据空间，孔径为 0.149mm。见表 2-4。

标准筛：以 200 网目筛（孔径 0.074mm）为基础，称为零位筛，筛比为 $\sqrt[4]{2}$。200 网目前第 n 个筛的孔径为 $0.074(\sqrt[4]{2})^n$ mm；200 个网目后第 n 个筛的孔径为 $0.074/(\sqrt[4]{2})^n$ mm。例如 200 网目前一个筛的孔径为 $0.074(\sqrt[4]{2})=0.074\times1.19=0.088$（mm），这个筛子 1in 长度上有 170 孔，故称 170 筛。200 网目后的筛子，设 $n=1$，其孔径为 $0.074/\sqrt[4]{2}=0.062$（mm），每英寸长度上有 230 孔，为 230 号筛。

表 2-4　标准筛的网目和孔径

网目	孔径/mm	网目	孔径/mm
	19.18	20	0.84
	15.9	25	0.71
	12.7	30	0.59
	11.1	35	0.50
	9.52	40	0.42
	7.93	45	0.35
3	6.35	50	0.297
3.5	5.66	60	0.25
4	4.76	70	0.21
5	4.00	80	0.177
6	3.36	100	0.149
7	2.83	120	0.125
8	2.38	140	0.105
10	2.00	170	0.088
12	1.68	200	0.074
14	1.41	230	0.062
16	1.19	270	0.053
18	1.00	325	0.044

各国标准筛不完全相同，计算出的一系列孔径也有所不同。如英国的 200 号筛，它的孔径为 0.076mm。有的筛子虽然孔径相同，但采用的铜丝粗细不同，则筛子的网目数也有差异。我国常用的套筛除标准外，还有上海套筛和沈阳套筛，各种筛的孔径也略有不同。

（4）混匀　在一个样品中，常含有数种矿物，而不同矿物的密度、硬度、化学成分互不相同。有的矿很脆，容易破碎；有的很坚硬，不易破碎；有的密度大，有的密度小。经过几次破碎和过筛后，会明显地看到难破碎的组分留在后面，呈现不均匀的分布。在堆锥时，锥顶部为较细和较轻的组分，锥底多为较大的和较重的组分。这种现象叫做偏集现象。在样品缩分时，必须使样品混合均匀，从其中取出的任意部分均有代表性。

将样品混合均匀的方法有堆锥法、环锥法、翻滚法。

① 堆锥法　大量的原始样品和粗碎后样品常用堆锥法混匀。在橡皮布、光滑的混凝土或木制的平台上，用铁铲从一堆翻到另一堆，让试样基本上从锥顶周围较均匀地落地，堆完后再另堆，如此反复多次，使样品充分混匀。堆锥漏斗如图 2-5 所示。

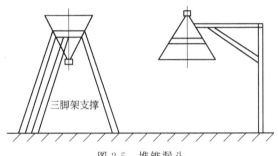

三脚架支撑

图 2-5　堆锥漏斗

② 环锥法　环锥法也是常用于手工混合大量样品的方法。用铁铲将样品堆成一个圆锥形。为了使矿石块沿整个锥形边缘均匀地滚动，应将每铲中的样品准确的撒在圆锥的顶端，使顶端不要偏离最初选定的中心线，如图 2-6 所示。如果中心线向某个方向倾斜，则细的样品就会聚集在那个方向。

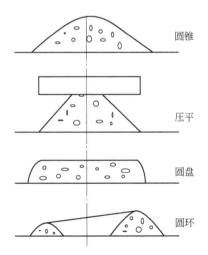

圆锥

压平

圆盘

圆环

图 2-6　用环锥法混样示意图

采用图 2-5 所示的堆锥漏斗，是使圆锥中心线保持不变的好方法。堆锥漏斗用三脚架支持或固定在一个悬臂梁上。样品用铁铲铲到漏斗中，随即流出成堆。

堆成圆锥后，用木板摊平成圆盘形，然后将圆盘内的样品从中心开始用铁铲铲出撒在其外围，使成环形锥，仔细扫净圆锥中心的样品，将扫起的样品均匀地撒在整个圆环锥脊上。第二次堆锥，沿圆环的内部或外部边缘取样品堆成圆锥，扫净样品，堆至圆锥顶部，再做成环形锥，反复进行两三次。

环锥法不能保证使各种大小的颗粒均匀地分布在样品中，在堆圆锥时大颗粒聚集在锥的下部而细粉聚集在圆锥的中心线，使样品更加不均匀。所以采用环锥法进行混样后，只能采用四分法缩分，因为四分法不受圆锥偏脊现象的影响。

③ 翻滚法　翻滚法常用于中碎和细碎样品的混匀。样品不要多于 20kg，粒度不要大于直径 10mm。

将样品放在一块正方形的胶布上，提起胶布的两个对角，使样品在水平方向沿胶布的对角线来回翻滚，第二次提起胶布另外两个角进行翻滚，这样调换翻滚 10～20 次，即可混匀。

（5）缩分

① 四分法　样品经圆锥法、环锥法或翻滚法混匀后，用木板将圆锥摊成圆盘形，通过圆心，画两根互相垂直的直线，将样品分成四等份。用薄木板划线，或用金属制成的十字架将圆盘分得更准确。任意取出两个对称的 1/4 作为试样，绝对不允许只取一个 1/4 作试样。若需要进行再次缩分，则应进行再堆锥、再四分，如图 2-7。若根据 $Q=kd^2$ 算出可以再分，则反复进行到最低可靠质量为止。

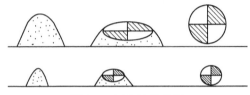

图 2-7　四分法示意图

② 正方形法　将混匀的样品摊成正方形或正方形的薄层。用直径或特制的木格架，将样品化成若干正方形，然后用小铲将一定间隔的小方块中的样品整个取出，作为分析试样或副样。只要方格的完整性没有破坏，就可以从中选取几个试样。如图 2-8 所示。

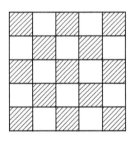

图 2-8　正方形挖取法

这个方法用于缩分最后阶段的样品。

③ 分样器法　采用槽式分样器进行缩分可以省略混样的程序。槽式分样器为一个带有四条腿的长方形槽，槽底并排焊接着一些隔板，第一块和第二块隔板由一块向左斜下的窄长条板连在一起，第二块和第三块隔板由一块向右斜下的窄长条板连在一起。交替地一左一右连接下去，于是形成一些格槽交替的一左一右的开口。矿样倒入后，分别由两侧流出于两个样槽中，从而分成两等份。分样器由铜或钢板制成；槽子越窄，缩分的准确程度越高，但以不使样品堵塞为宜。槽子的宽度一般比矿样最大颗粒的直径宽 1/2～1/3 倍。如图 2-9 所示。

（6）特殊样品的处理　有些样品不能按常用的方法进行加工，有的含水太多，在磨盘式碎样机上变成糨糊状。云母和石棉很难碎成粉末；洁白的石英岩在通过细碎机后，往往由于

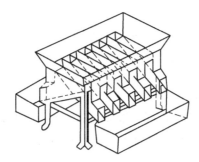

图 2-9 分样器示意图

铁、锰等的沾污而呈灰色。所以这些样品需要分别特殊处理。

分析石英石、石英岩时对铁含量的测定结果要求很严，破碎过程不能用钢铁器械。最好用石锤在石墩上击碎，最后用玛瑙乳钵研细。

云母、石棉可用剪刀剪碎，再在玛瑙乳钵中研碎。也可先微加煅烧，再进行粉碎。

黄铁矿和其他硫化矿等，为防止其氧化，应只碎至过 100 号筛，在 60℃烘干，或风干后进行分析。测定亚铁的试样一般粉碎至过 100 号筛。

汞矿和物相分析试样破碎至过 100 号筛，不烘样，进行分析。

（7）样品的沾污　样品的沾污在采样、包装、运输和碎样等过程中都可能发生。如用胶布（有锌）和磁漆（颜料）等在标本上编号，可能引入锌、铅、铬等，对小块样品影响较大。

在碎样过程采用磨盘式碎样机时，会有铁、锰等沾污。例如，用磨盘式碎样机的岩石样品，进行硅酸盐全分析时，锰的结果可能增高万分之几到千分之几。磨盘上下来的铁就更多了。在用盐酸溶解过程中，铁原子可以使铁离子还原为亚铁离子，显然亚铁离子的分析结果就不可靠。

改用翡翠磨、陶瓷磨、碳化钨或碳化硼等制造的乳钵和磨盘，可以避免铁、锰的沾污，但会引入硅、铝、钙、镁、钨或硼等，即使不分析这些元素，它们所产生的稀释作用也会影响分析结果。

用玛瑙乳钵研磨样品时，会引入硅而增高二氧化硅的分析结果。

通过粉碎机或乳钵的样品，其沾污程度随被粉碎样品的硬度、韧度等而变化。为了避免粉碎过程的沾污，选择合适的粉碎手段是现在唯一可行的办法。例如某些国家的岩石标准样品就是岩石本身来压碎和粉碎的，是一个很好的办法。从沾污的角度来考虑，碎样极细不仅不必要而且有害，只要分析时应取的样品有代表性就够了；但从分解样品的角度考虑，难分解的样品粉碎得越细越好。应当根据实际情况决定碎样到什么粒度。

四、试样的分解

分解试样的目的——将固体试样处理成溶液，或将组成复杂的试样处理成简单、便于分离和测定的形式，为各组分的分析操作创造最佳条件。

常用的分解方法有酸碱溶解法、熔融法和半熔法。

1. 酸碱溶解法

（1）酸溶法　使用盐酸（HCl）、氢氟酸（HF）、硝酸（HNO_3）、磷酸（H_3PO_4）、硫

酸（H_2SO_4）、高氯酸（$HClO_4$）。

（2）碱溶法 $300\sim400g/L$ 的氢氧化钠溶液能剧烈分解铝及其合金。

2. 熔融法

熔融分解的目的是利用酸性或碱性熔剂与试样在高温下进行复分解反应，使试样中的组分转化成易溶于水或酸的化合物。

熔融硅酸盐矿物和其他矿物的熔剂一般多为碱金属化合物。常用的有无水碳酸钠、碳酸钾、氢氧化钾、氢氧化钠、焦硫酸钾、硼砂、偏硼酸锂等。

3. 半熔法

半熔法是指熔融物呈烧结状态的一种熔样方法，又称烧结法。此法在低于熔点的温度下，让试样与固体试剂发生反应。

常用的半混合熔剂有：$MgO\text{-}Na_2CO_3$（$2+3$）、$MgO\text{-}Na_2CO_3$（$2+1$）、$ZnO\text{-}Na_2CO_3$（$1+2$）。

硅酸盐分析中采用的半熔法一般是在铂坩埚中，加入试料质量的 $0.6\sim1$ 倍的无水碳酸钠，于 $950℃$ 温度下灼烧 $5\sim10min$。石灰石、白垩土、水泥生料的系统分析，常用此方法分解试样。

4. 其他的分解法

（1）电极氧化溶解法 电极氧化机理可分为两个部分，即直接氧化和间接氧化。直接氧化作用是指溶液中·OH基团的氧化作用，它是由水通过电化学作用产生的，该基团具有很强的氧化活性，对作用物几乎无选择性。直接氧化的电极反应如下：

$$2H_2O \longrightarrow 2 \cdot OH + 2H^+ + 2e^-$$
$$有机物 + \cdot OH \longrightarrow CO_2 + H_2O$$
$$2NH_3 + 6 \cdot OH \longrightarrow N_2 \uparrow + 6H_2O$$
$$2 \cdot OH \longrightarrow H_2O + 1/2O_2$$

水中含有高浓度的 Cl^- 时，Cl^- 在阳极放出电子，形成 Cl_2，进一步在溶液中形成 ClO^-，溶液中的 Cl_2/ClO^- 的氧化作用能有效去除废水中的 COD 及 $NH_3\text{-}N$。这种氧化作用即为间接氧化，反应如下：

$$阳极：4OH^- \longrightarrow 2H_2O + O_2 + 4e^-$$
$$阴极：2Cl^- \longrightarrow Cl_2 + 2e^-$$
$$溶液中：Cl_2 + H_2O \longrightarrow ClO^- + 2H^+ + Cl^-$$
$$有机物 + ClO^- \longrightarrow CO_2 + H_2O$$

（2）加压溶解法 就是增加压力，加大溶解度。这一般是对于气体说的，增加压力可以增加气体如 CO_2 在水中的溶解度。

（3）超声波振荡溶解法 超声波可以加快溶解的速率，但是溶解多少在一定的温度、压力下是一定的。超声波主要在液体中造成大量的"空穴"，这些空穴在瞬间闭合的时候产生很大的压强，起到振荡和粉碎的作用，清洗机和振荡仪都是利用超声波，但是不完全相同。

（4）微波溶解法 微波与无线电波、红外线、可见光一样都是电磁波，微波是指频率为 $300\sim300000MHz$ 的电磁波，即波长在 $1m\sim1mm$ 之间的电磁波。通过微波来实现提取、干燥及灭菌等的方法称为微波法。

介质材料由极性分子和非极性分子组成，在电磁场作用下，这些极性分子从原来的随机分布状态转向依照电场的极性排列取向。而在高频电磁场作用下，这些取向按交变电磁的频率不断变化，这一过程造成分子的运动和相互摩擦从而产生热量。此时交变电场的场能转化为介质内的热能，使介质温度不断升高，这就是对微波加热最通俗的解释。

习题

1. 份样、样品、采样单元三者有什么关系？
2. 采样时应注意哪些安全方面的问题？
3. 固体试样的采样程序包括哪几个方面？
4. 如何确定固体试样的采样数和采样量？
5. 如何制备固体试样？
6. 如何采取水样？

 阅读材料

CS系列高效弹簧圆锥破碎机是在引进、吸收国外技术的基础上，根据客户的需求，基于层压破碎机原理及多破少磨概念设计研发的集高摆频、优化腔型和合理冲程于一体的现代高性能弹簧圆锥破碎机。实践证明，CS系列高效弹簧圆锥破碎机以其优异的性能，可靠的质量和高性价比赢得全球用户的信任，是传统破碎机的理想替代品。

1. 高效弹簧圆锥破碎机特点

（1）性能高，产品粒度组成好。

（2）稳定性好，密封性好，清腔方便。

（3）可靠性高，维修方便，操作简单。

（4）生产成本低，润滑性能好，使用寿命长。

（5）可以对破碎机粒度进行调节，应用广泛。

2. 科帆高效圆锥破碎机应用领域

该圆锥破碎机主用应用于金属与非金属矿、水泥厂、建筑、冶金、交通、砂石骨料生产等行业中。破碎机的物料包括有：铁矿石、金矿石、有色金属矿石、花岗岩、玄武岩、石英石等硬度处于中等或者中等偏上的矿岩石。

3. CS系列弹簧圆锥破碎机应用案例

该产品应用于机制砂生产流程中，特别是对一些破碎机硬度较高的石料时，例如玄武岩，不仅效率高，生产成本低，而且破碎产品的粒度以及砂石骨料的质量都相对较高。还有就是对于黑色或者有色金属选矿工艺中，能够有效地降低矿石的入磨粒度，实现多破少磨，提高了工艺流程中磨机的生产能力，同时还节约了能源的消耗，提高了选矿的经济效益。

4. 科帆弹簧圆锥破碎机的技术参数

标准型号	动锥直径/mm	腔型	给矿口尺寸/mm		出料口可调整尺寸/mm	主轴转速/(r/min)	功率/kW	处理能力/(t/h)	质量/t	外形尺寸/mm
			闭口边	开口边						
CS-75B	900	细型	83	102	9~22	580	75	45~91	15	2821×1880×2164
		粗型	159	175	13~38			59~163		
CS-110B	1200	细型	127	121	9~31	485	110	63~188	20	2821×1974×2651
		中型	156	156	13~38			100~200		
		粗型	178	191	19~51			141~308		
CS-160B	1295	细型	109	137	13~31	485	185	109~181	27	2800×2342×2668
		中型	188	210	16~38			132~253		
		粗型	216	241	19~51			172~349		
CS-240B	1650	细型	188	209	16~38	485	240	181~327	55	3911×2870×3711
		中型	213	314	22~51			258~417		
		粗型	241	268	25~64			299~635		
CS-315B	2134	细型	253	278	19~38	435	315	381~726	110	4611×3251×4732
		中型	303	334	25~51			608~998		
		粗型	334	369	31~64			789~1270		

学习情境三
煤质分析

项目一　煤质工业分析

 背景知识

　　煤和焦炭不仅是重要的固体燃料，而且还是冶金工业和化学工业（例如合成氨、合成橡胶、人造石油）等的重要原料。

　　煤的工业分析又称技术分析或实用分析，是指包括测定煤中的水分、灰分、挥发分、固定碳、硫分等的含量和发热量。通常，水分、灰分、挥发分产率都直接测定，固定碳不作直接测定，而是用差减法进行计算。煤的工业分析是了解煤质特性的主要指标，也是评价煤质的基本依据。根据分析结果，可以大致了解煤中有机质的含量及发热量的高低，从而初步判断煤的种类、加工利用效果及工业用途；根据工业分析数据还可计算煤的发热量和焦化产品的产率等。煤的工业分析是煤的生产或使用部门最常见的分析项目。

任务书

煤的工业分析任务书

任务名称	煤的工业分析
任务内容	1. 煤中水分的测定 2. 煤中灰分的测定 3. 煤中挥发分的测定
工作标准	GB/T 5751—2009 中国煤炭分类国家标准
知识目标	1. 掌握重量法测定水分、灰分、挥发分的原理及计算 2. 掌握国家标准及相关要求
技能目标	1. 通过学习能制定其他方法来测定水分、灰分、挥发分的含量 2. 通过学习熟练掌握高温炉、恒温箱的使用 3. 能够解读国家标准

国家标准

国家标准 GB/T 5751—2009 中国煤炭分类

类别		符号	数码	分类指标						
				$V_{daf}/\%$	$G_{R.I}$	Y/mm	$b/\%$	$P_M/\%$	$H_{daf}/\%$	$Q_{gr}^{maf}(MJ/kg)$
无烟煤	一号	WY1	1	≤3.5					≤2	
	二号	WY2	2	>3.5~6.5					>2~3	
	三号	WY3	3	>6.5~10					>3	
烟煤	贫煤	PM	11	>10~20	≤5					
	贫瘦煤	PS	12	>10~20	>5~20					
	瘦煤	SM	13	>10~20	>20~50					
			14		>50~65					
	焦煤	JM	15	>10~20	>65	≤25	(≤150)			
			24	>20~28	>50~65					
			25		>65	≤25	≤150			
	1/3 焦煤	1/3JM	35	>28~37	>65	≤25	(≤220)			
	肥煤	FM	16	>10~20	(>85)	>25	(>150)			
			26	>20~28			(>150)			
			36	>28~37			(>220)			
	气肥煤	QF	46	>37	(>85)	>25	(>220)			
	气煤	QM	34	>28~37	>50~65					
			43	>37	>35~50					
			44		>50~65					
			45		>65	≤25	(≤220)			
	1/2 中黏煤	1/2ZN	23	>20~28	>30~50					
			33	>28~37						
	弱黏煤	RN	22	>20~28	>5~30					
			32	>28~37						
	不黏煤	BN	21	>20~28	≤5					
			31	>28~37						
	长焰煤	CY	41	>37	≤5			>50		
			42		>5~35					
褐煤	一号	HM1	51	>37				≤30		≤24
	二号	HM2	52	>37				>30~50		

任务 1 ▷ 煤样中内在水分的测定

技能操作

内在水分的测定方法有三种：通氮干燥法、甲苯蒸馏法(适用于所有煤种)、空气干燥法

（仅适用于烟煤和无烟煤）。

一、原理分析

称取一定量的空气干燥煤样，置于 105～110℃ 干燥箱中，在空气流中干燥到质量恒定。然后根据煤样的质量损失计算出水分的含量。

二、仪器和设备

（1）干燥箱 带有自动控温装置，内装有鼓风机，并能保持温度在 105～110℃ 范围内。
（2）干燥器 内装变色硅胶或粒状无水氯化钙。
（3）玻璃称量瓶 直径 40mm，高 25mm，并带有严密的磨口盖。
（4）分析天平 感量 0.0001g。

三、操作步骤

用预先干燥并称量过（精确至 0.0002g）的称量瓶称取粒度为 0.2mm 以下的空气干燥煤样（1±0.1）g（准确至 0.0002g），平摊在称量瓶中。打开称量瓶盖，放入预先鼓风（预先鼓风是为了使温度均匀，将称好装有煤样的称量瓶放入干燥箱前 3～5min 就开始鼓风）并已加热到 105～110℃ 的干燥箱中。在一直鼓风的条件下，烟煤干燥 1h，无烟煤干燥 1～1.5h。从干燥箱中取出称量瓶，立即盖上盖，放入干燥器中冷却至室温（约 20min）后，称量。

四、结果处理

空气干燥煤样的水分按下式计算：

$$W^f = \frac{G_1}{G} \times 100\%$$

式中　W^f——空气干燥煤样的水分含量，%；

　　　G_1——煤样干燥后失去的质量，g；

　　　G——煤样的质量，g。

五、测定允许误差

水分平行测定结果的允许误差见表 3-1。

表 3-1　水分平行测定结果的允许误差

水分 W^f/%	允许误差/%
<10	0.40
≥10	0.50

方法讨论

（1）在测定煤样的全水分以前，应仔细检查贮存煤样的容器密封情况，擦净容器表面，称量，并与容器标签上所注明的质量进行核对。

（2）如果煤样在运送过程中水分有损失，则要求出补正后的煤样全水分。

🖢 知识补充 ·······

煤中的水分

煤中的水分主要存在于煤的孔隙结构中。水分的存在会影响燃烧稳定性和热传导，本身不能燃烧放热，还要吸收热量汽化为水蒸气。

煤的水分是评价煤炭经济价值的最基本的指标。因为煤中水分含量越多，煤的无用成分也越多，同时有大量水分存在，不仅煤的有用成分减少，而且它在煤燃烧时要吸收大量的热成为水蒸气蒸发掉。所以煤的水分越低越好。

一、游离态水

煤中的水分一般分为外在水分和内在水分两种。

外在水分（W_{WZ}）即自由水分或表面水分。它是指附着于煤粒表面的水膜和存在于直径 $>10^{-5}$ cm 的毛细孔中的水分。此类水分是在开采、贮存及洗煤时带入的，覆盖在煤粒表面上，其蒸气压与纯水的蒸气压相同，在空气中（一般规定温度为 20℃，相对湿度为 65%）风干 1～2d 后，即蒸发而失去，所以这类水分又称为风干水分。除去外在水分的煤叫风干煤。

内在水分（W_{NZ}）指吸附或凝聚在煤粒内部直径 $<10^{-5}$ cm 的毛细孔中的水分，是风干煤中所含的水分。由于毛细孔的吸附作用，这部分水的蒸气压低于纯水的蒸气压，故较难蒸发除去，需要在高于水的正常沸点的温度下才能除尽，故称为烘干水分。除去内在水分的煤叫干燥煤。

煤的外在水分和内在水分的总和称为全水分。用符号 "W_Q" 表示。

由外在水分及内在水分，可按下式计算应用基全水分。

$$W_Q^Y = W_{WZ} + W_{NZ} \times \frac{100 - W_{WZ}}{100}$$

二、化合态水

通常所说的结晶水，是以化合的方式同煤中的矿物质结合的水。比如存在于石膏（$CaSO_4 \cdot 2H_2O$）和高岭土（$2Al_2O_3 \cdot 4SiO_2 \cdot 4H_2O$）中的水。游离态水在 105～110℃ 的温度下经过 1～2h 就可蒸发掉，而结晶水要在 200℃ 以上才能解析出。

任务 2 ⇨ 煤样中灰分的测定

🖢 技能操作 ·······

一、原理分析（缓慢灰化法）

称取一定量的空气干燥煤样，放入马弗炉中，以一定的速度加热到（815±10）℃，灰化并灼烧到质量恒定。以残留物的质量占煤样的质量分数作为灰分产率。

二、仪器和设备

1. 马弗炉

能保持温度为（815±10）℃。炉膛具有足够的恒温区。炉后壁的上部带有直径为 25～30mm 的烟囱，下部离炉膛底 20～30mm 处，有一个插热电偶的小孔，炉门上有一个直径为 20mm 的通气孔。

2. 瓷方皿

长方形，底面长 45mm，宽 22mm，高 14mm（见图 3-1）。

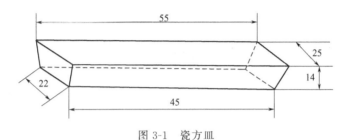

图 3-1　瓷方皿

3. 干燥器

内装变色硅胶或无水氯化钙。

4. 分析天平

感量 0.0001g。

5. 耐热瓷板或石棉板

尺寸与炉膛相适应。

三、操作步骤

用预先灼烧至质量恒定的瓷方皿，称取粒度为 0.2mm 以下的空气干燥煤样（1±0.1）g（精确至 0.0002g），均匀地摊平在灰皿中，使其每平方厘米的质量不超过 0.15g。

将灰皿送入温度不超过 100℃ 的马弗炉中，关上炉门并使炉门留有 15mm 左右的缝隙。

在不少于 30min 的时间内将炉温缓慢上升到 500℃，并在此温度下保持 30min。继续升到（815±10）℃，并在此温度下灼烧 1h。从炉中取出灰皿，放在耐热瓷板或石棉板上，在空气中冷却 5min 左右，移入干燥器中冷却至室温（约 20min）后，称量。

最后进行检查性灼烧，每次 20min，直到连续两次灼热的质量变化不超过 0.001g 为止。用最后一次灼烧后的质量为计算依据。

四、数据处理

空气干燥煤样的灰分按下式计算：

$$A^f = \frac{G_1}{G} \times 100\%$$

式中　A^f——空气干燥煤样的灰分产率，%；

　　　G_1——残留物的质量，g；

　　　G——煤样的质量，g。

五、测定允许误差

灰分测定的允许误差见表 3-2。

表 3-2　灰分测定的允许误差　　　　　　　　　单位：%

灰分	同一化验室	不同化验室
<15	0.20	0.30
15~30	0.30	0.50
>30	0.50	0.70

方法讨论

（1）煤中矿物质在测定水分的温度下燃烧时许多组分都发生了变化，如黏土、石膏等失去结晶水；碳酸盐受热分解放出 CO_2；FeO 氧化成 Fe_2O_3；硫化铁等矿物氧化成 SO_2 和 Fe_2O_3；在燃烧中生成的 SO_2 与碳酸钙分解生成 CaO 和 $CaSO_4$。

（2）当灰分低于 15% 时，不必进行检查性灼烧。

任务 3 ⇨ 煤样中挥发分的测定

因为煤中可燃性挥发分不是煤的固有物质，而是在特定条件下，煤受热的分解产物，而且其测定值受温度、时间和所用坩埚的大小、形状等不同而异，测定方法为规范性试验方法。

因此所测的结果应称为挥发分产率，用符号 V 表示。

根据挥发分产率的高低，可以初步判别煤的变质程度、发热量及焦油产率等各种重要性质，而且几乎世界各国都采用干燥无灰基挥发分作为煤分类的一个主要指标。

工业生产上用煤也都首先需要了解挥发分是否合乎要求，所以煤的挥发分是了解煤性质和用途的最基本也是最重要的指标，也是煤分类的重要指标。

煤在隔绝空气的条件下，加热干馏，水及部分有机物裂解生成的气态产物挥发逸出，不挥发部分即为焦炭。焦炭的组成和煤相似，只是挥发分的含量较低。逸出的挥发物中含有氨，可以用水或酸吸收、加工后，回收为氨水或对应的铵盐。

技能操作

一、原理分析

将煤放在与空气隔绝的容器内，在高温下经一定时间加热后，煤中的有机质和部分矿物质分解为气体释出，由减小的质量再减去水的质量即为煤的挥发分。

二、仪器

（1）磨口坩埚　坩埚盖外缘槽形，此槽正好盖在坩埚口的外缘上，在盖内边有凹处，以备挥发释出。

（2）高温炉　带热电偶和调温器，炉壁留有一个排气孔。炉膛内必须有一个温度稳定的恒温区，以保证炉内温度能恒定在（900±10）℃范围内。

（3）坩埚架　用镍铬丝制成，其规格以能放置 6 个坩埚为好，大小应与炉内（900±10）℃稳定温度区相适应，放在架上的坩埚底部应与炉膛底距离 20～30mm。

三、操作步骤

称取分析煤样（1±0.01）g，于已在（900±10）℃灼烧恒量的专用坩埚内，轻敲坩埚使试样摊平，然后盖上坩埚盖，置于坩埚架上，迅速将坩埚架推至已预先加热至（900±10）℃的高温炉的稳定温度区内，并立即开动秒表，关闭炉门。准确灼烧恰好 7min，迅速取出坩埚架，在空气中放置 5～6min，再将坩埚置于干燥器中冷却至室温，称量。计算挥发分产率。

四、数据处理

$$V^f = \left(\frac{G_1}{G} \times 100\right) - W^f$$

当空气干燥煤样中碳酸盐及二氧化碳含量为 2%～12% 时，则

$$V^f = \left(\frac{G_1}{G} \times 100\right) - W^f - (CO_2)^f$$

当空气干燥煤样中碳酸盐二氧化碳含量大于 12% 时，则

$$V^f = \left(\frac{G_1}{G} \times 100\right) - W^f - [(CO_2)^f - (CO_2)^f(焦渣)]$$

式中　　　V^f——空气干燥煤样的挥发分产率，%；

　　　　　G_1——煤样加热后减少的质量，g；

　　　　　G——煤样的质量，g；

　　　　　W^f——空气干燥煤样的水分含量，%；

　　　　　$(CO_2)^f$——空气干燥煤样中碳酸盐二氧化碳的含量（按 GB 212 测定），%；

$(CO_2)^f$（焦渣）——焦渣中二氧化碳对煤样量的质量分数，%。

五、测定允许误差

挥发分产率的允许误差见表 3-3。

表 3-3　挥发分产率的允许误差

挥发分产率/%	同一实验室/%	不同实验室/%
<10	0.3	0.5
10～45	0.5	1.0
>45	1.0	1.5

💡 **方法讨论** ....

（1）当打开炉门，推入坩埚架时，炉温可能下降，但是在 3min 内必须使炉温达到 900～1000℃，否则试验作废。

（2）从加热至称量都不能揭开坩埚盖，以防焦渣被氧化，造成测定误差。

（3）每次测定后，坩埚内常附着一层黑色炭烟，应灼烧除去后再使用。

 知识补充 ......

煤的分类及分析方法

一、煤的分类

根据标准的不同，煤的分类方法很多，但是一般可以按工业分析组成，大致分为四类，（见表3-4）。对炼焦用煤有以下要求：

（1）有较强的结焦性或黏结性；

（2）煤的灰分要低；

（3）煤的硫分要低；

（4）配合煤的挥发分要合适。

表 3-4　煤的工业分析组成

名称	挥发分产率/%	固定碳/%	发热量/(cal/g)
泥煤	70	30	5000～5400
褐煤	53	47	6000～7000
烟煤	30～40	60～70	7500～8500
无烟煤	6～10	90～94	8500 以上

注：1cal＝4.18J。

二、煤的分析方法分类

工业上通常把煤的分析方法分为工业分析、元素分析及其他分析。用它来确定煤的性质，评价煤的质量和合理利用煤炭资源。

如伴生元素分析。煤中的伴生元素很多，但一般是指有提取价值的锗、镓、铀、钒、铝、钽等常见的稀有元素。如煤中的锗含量在 20g/kg 以上时即可计算储量而有一定的提取价值，镓含量在 50g/kg 以上和铀含量在 300～500g/kg 以上时也有提取价值。

除硫外，可以根据特殊的需要进行煤中一些有害元素如磷、氯、砷、氟、铬、镉、汞的检测。

三、煤试样的制备方法

1. 制样用品

（1）设施　煤样室包括制样、贮藏、干燥、减灰等房间。煤样室应宽大敞亮，不受风雨及外来灰尘的影响，要有防尘设备。制样室应为水泥地面。堆掺缩分区还需要在水泥地面上铺以厚度 6mm 以上的钢板。贮存煤样的房间不应有热源，不受强光照射，无任何化学药品。

（2）设备

① 破碎机　适用制样的破碎机为颚式破碎机、锤式破碎机、对辊破碎机、钢制棒（球）磨机、其他密封式研磨机以及无系统偏差、精密度符合要求的缩分机等。

② 鼓风干燥箱　温度在 45～50℃的可控鼓风干燥箱。

③ 振筛机和筛网　方孔筛的孔径为 25mm、13mm、6mm、3mm、1mm 和 0.2mm 及

其他孔径，圆孔筛的孔径为 3mm。

④ 布兜或抽滤机和尼龙滤布　用于减灰。

⑤ 不同规格的二分器。

⑥ 液体相对密度计一套　测得范围为 1.00～2.00，最小分度值为 0.01。

⑦ 容器　用于贮存全水分煤样和分析试验煤样的严密容器。

（3）工具

① 十字分样板、平板铁锹、铁铲、镀锌铁盘或搪瓷盘、毛刷、台秤、托盘天平、增砣磅秤、清扫设备和磁铁。

② 钢板和钢辊　用于手工磨碎煤样。

③ 捞勺　用于捞取煤样。用网孔 0.5mm×0.5mm 铜丝网或网孔近似的尼龙布制成。捞勺直径要小于减灰桶直径的 1/2。

④ 桶　用于减灰和贮存重液，用镀锌铁板、塑料板或其他防腐蚀材料制成。

2. 煤样的制备

（1）接到煤样后，应将煤种、品种、粒度、采样地点、包装情况、煤样质量、收样和制备时间等项详细登记在煤样记录本上，并进行编号。商品煤样还应登记车号和发运吨数。

（2）煤样应按本标准规定的制备程序（见图 3-2）及时制备成空气干燥煤样，或先制成适当粒级的试验室煤样。

（3）缩分后留样质量与粒度的对应关系如图 3-2 所示。

（4）煤样的粒度小于 3mm 时，缩分至 3.75kg 后，如使之全部通过 3mm 的圆孔筛，则可用二分器直接缩分出不小于 100g 和不小于 500g 的分析用煤样和作为存查煤样。

（5）粒度要求特殊的试验项目所用的煤样的制备，应按标准的各项规定，用相应的设备制取，同时在破碎时应采用逐级破碎的方法。

（6）在粉碎成 0.2mm 的煤样之前，应用磁铁将煤样中铁屑吸去，再粉碎到全部通过孔径为 0.2mm 的筛子，并使之达到空气干燥状态，然后装入煤样瓶中（装入煤样的量应不超过煤样瓶容积的 3/4，以便使用时混合），送交化验室化验。空气干燥方法如下：将煤样放入盘中，摊成均匀的薄层，于温度不超过 50℃ 的条件下干燥。如连续干燥 1h 后，煤样的质量变化不超过 0.1%，即达到空气干燥状态。空气干燥也可在煤样破碎到 0.2mm 之前进行。

（7）煤样除必须在容器上贴标签外，还应在容器内放入煤样标签，封好。标签格式可参照表 3-5。

表 3-5　标签

分析煤样编号		送样日期	
来样编号		制样日期	
煤矿名称		分析试验项目	
煤样种类		备注	
送样单位			

注：1. 如有特殊要求，可根据需要决定存查煤样的粒度和质量。

2. 存查煤样，从报出结果之日起一般应保存 2 个月，以备复查。

3. 检查煤样的保存时间由有关质检部门决定。

4. 分析试验煤样，根据需要确定保存时间。

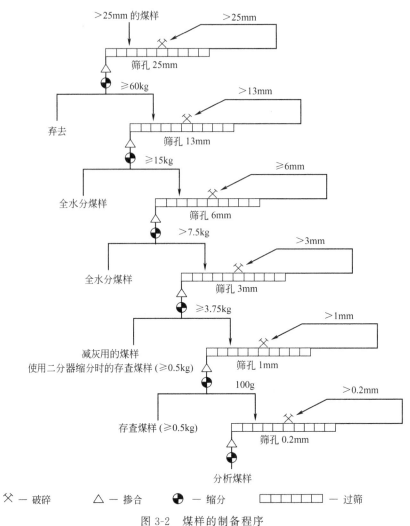

图 3-2　煤样的制备程序

四、固定碳含量的计算

固定碳是指除去水分、灰分和挥发分后的残留物，用符号 FC_{ad} 表示。

固定碳的化学组分，主要是 C 元素，另外还有一定数量的 H、O、N、S 等其他元素。

说明：

（1）从煤的工业分析指标来看，发热量主要是煤中固定碳燃烧产生的，因此国际上利用工业分析结果计算发热量的公式，即以煤的固定碳作为发热量的主要来源。

（2）煤的干燥无灰基固定碳含量与挥发分一样，也是表示煤的变质程度的一个参数，即煤中固定碳含量随煤的变质程度的增高而增高，因此有些国家（如日本、美国）的煤炭分类即以干燥无灰基固定碳含量 FC_{daf} 作为分类指标之一。

（3）空气干燥基固定碳含量是某些工业用煤的一个重要指标，如对合成氨用煤，要求 $FC_{ad} > 65\%$。

（4）固定碳含量，一般不直接测定，而是通过计算得到。计算公式为：
$$FC_{ad} = 100\% - M_{ad} - A_{ad} - V_{ad}$$

$$FC_d = 100\% - A_d - V_d$$

$$FC_{daf} = 100\% - V_{daf}$$

五、不同基准分析结果的换算

干基＝空气干燥基－空气干燥基水分

干燥无灰基＝空气干燥基－空气干燥基水分－空气干燥基灰分

煤的干燥无灰基组成不受水分和灰分的影响。一般同一矿井的煤，它的干燥无灰基组成不会发生很大的变化，因此煤矿的煤质资料常以此基组成表示。也就是说煤矿一般给的是干燥无灰基组成，而实际使用时则为收到基。因此，不同基准时的组成需要进行换算。换算系数是由物料平衡关系计算得到的（见表3-6）。

例如收到基与干燥无灰基的转换，设已知 FC_{daf}、M_{ar}、A_{ar}，求 FC_{ar}。

计算基准：100kg 的收到基煤折合成干燥无灰基煤 $[100-(M_{ar}+A_{ar})]$（kg），但含固定碳的绝对量相等。

即　收到基含碳量＝干燥无灰基含碳量

故　$100 \times FC_{ar} = [100-(M_{ar}+A_{ar})] \times FC_{daf}$

所以 $FC_{ar} = FC_{daf}[100-(M_{ar}+A_{ar})]/100$

【例 3-1】 煤的工业分析结果如下：

空气干燥基的水分 $M_{ad}=1.76\%$，灰分 $A_{ad}=23.17\%$，挥发分 $V_{ad}=8.59\%$

计算：（1）干基的灰分 A_d；（2）干燥无灰基的挥发分 V_{daf}。

解

$$A_d = A_{ad} \times \frac{100}{100-M_{ad}} = 23.17\% \times \frac{100}{100-1.76} = 23.59\%$$

$$V_{daf} = V_{ad} \times \frac{100}{100-(M_{ad}+A_{ad})} = 8.59\% \times \frac{100}{100-(1.76+23.17)} = 11.44\%$$

表 3-6　燃料组成不同基的换算系数

已知基 ＼ 要求基	空气干燥基（ad）	收到基（ar）	干基（d）	干燥无灰基（daf）	干燥无矿物质基（dmmf）
空气干燥基（ad）	1	$\frac{100-M_{ar}}{100-M_{ad}}$	$\frac{100}{100-M_{ad}}$	$\frac{100}{100-(M_{ad}+A_{ad})}$	$\frac{100}{100-(M_{ad}+MM_{ad})}$
收到基（ar）	$\frac{100-M_{ad}}{100-M_{ar}}$	1	$\frac{100}{100-M_{ar}}$	$\frac{100}{100-(M_{ar}+A_{ar})}$	$\frac{100}{100-(M_{ar}+MM_{ar})}$
干基（d）	$\frac{100-M_{ad}}{100}$	$\frac{100-M_{ar}}{100}$	1	$\frac{100}{100-A_d}$	$\frac{100}{100-MM_d}$
干燥无灰基（daf）	$\frac{100-(M_{ad}+A_{ad})}{100}$	$\frac{100-(M_{ar}+A_{ar})}{100}$	$\frac{100-A_d}{100}$	1	$\frac{100-A_d}{100-MM_d}$
干燥无矿物质基（dmmf）	$\frac{100-(M_{ad}+MM_{ad})}{100}$	$\frac{100-(M_{ar}+MM_{ar})}{100}$	$\frac{100-MM_d}{100}$	$\frac{100-MM_d}{100-A_d}$	1

项目二 煤的元素分析

 背景知识

　　煤是自然矿物，由有机质、矿物质的水组成。有机质和部分矿物质是可燃的，水和大部分矿物质是不可燃的。煤中的有机质主要由、氢、氮、硫等元素组成，其中碳和氢占有机质的95%以上。矿物质主要是碱金属，碱土金属，铁、铝等的碳酸盐、硅酸盐、硫酸盐、磷酸盐及硫化物。煤中几乎含有组成地壳的所有元素。珍贵的锗、镓、铀、钍等元素，也常常以煤为原料进行提取。煤燃烧时，主要是有机质中碳、氢与氧氧化而放热。硫虽然也能燃烧放热，但燃烧产生酸性腐蚀性有害气体——二氧化硫，逸入大气中污染环境，生成的硫氧化物腐蚀燃烧炉。

　　除硫化物外，矿物质不能燃烧，但随着煤的燃烧过程，变为灰分。它的存在使煤的可燃部分比例相应减少，影响煤的发热量。

　　煤的元素分析主要测定煤中碳、氢、氮、硫等元素的含量，从而了解煤的元素组成。元素分析结果是对煤进行科学分类的主要依据之一，在工业上是作为计算发热量、干馏产物的产率、热量平衡的依据。元素分析结果表明了煤的固有成分，更符合煤的客观实际。但是，分析手段较为复杂，多用于科学研究工作。

任务书

煤的元素分析任务书

任务名称	煤的元素分析
任务内容	1. 煤中硫含量的测定 2. 煤中碳、氢含量的测定
工作标准	GB/T 5751—2009 中国煤炭分类国家标准
知识目标	1. 掌握测定煤中硫、碳、氢含量的原理及计算 2. 掌握国家标准及相关要求
技能目标	1. 通过学习能制订其他方法来测定硫、碳、氢的含量 2. 通过学习熟练掌握高温炉、恒温箱的使用 3. 能够解读国家标准

国家标准

不同变质程度煤的碳、氢、氧、氮、硫含量

编号	煤的类别	$M_{ad}/\%$	$A_d/\%$	$V_{daf}/\%$	$C_{daf}/\%$	$H_{daf}/\%$	$N_{daf}/\%$	$S_{daf}/\%$	$O_{daf}/\%$
1	褐煤	7.24	3.50	42.38	72.23	5.55	2.05		20.17
2	长焰煤	5.54	1.94	41.89	79.23	5.42	0.93	0.35	14.17
3	气煤	3.28	1.63	40.49	81.57	5.78	1.96	0.66	10.03
4	肥煤	1.15	1.29	32.69	88.04	5.52	1.80	0.42	4.22
5	焦煤	0.95	0.92	21.91	89.26	4.92	1.33	1.51	2.98
6	瘦煤	1.33	1.06	17.88	90.73	4.82	1.69	0.38	2.38
7	贫煤	1.08	2.81	13.49	91.31	4.37	1.52	0.78	2.02
8	无烟煤	4.70	3.18	4.66	96.14	2.71			

任务 1 ⇨ 煤中全硫的测定

　　燃料用煤中的硫在煤燃烧过程中形成 SO_2。SO_2 不仅腐蚀金属设备，而且还会造成空气污染。炼焦用煤中的硫直接影响钢铁质量，钢铁含硫大于 0.07%，就会使钢铁热脆而成为废品。脱除煤中的硫是煤炭利用的一个重要问题。

　　煤中各种形态硫的总和叫做全硫，记作 S_t，全硫通常就是煤中的硫酸盐硫（S_s）、硫铁矿硫（S_p）和有机硫（S_o）的总和，即

$$S_t = S_s + S_p + S_o$$

如果煤中有单质硫（记作 S）应包含在全硫中。

　　一般工业分析中只测全硫，全硫的测定方法有：艾士卡质量法、燃烧法、弹筒法等。燃烧法是快速方法，而艾士卡法至今仍是全世界公认的标准方法。

⚟ 技能操作

一、原理分析

　　煤样和艾士卡试剂均匀混合后在高温下进行半熔反应，使各种形态的硫都转化成可溶于水的硫酸盐。煤样在空气中燃烧时，可燃硫首先转化为 SO_2，继而在有空气存在下，和艾士卡试剂作用形成可溶于水的硫酸盐：

$$煤 + 空气 \longrightarrow CO_2 + H_2O + SO_2 + SO_3 + N_2$$

$$2SO_2 + O_2 + 2Na_2CO_3 \longrightarrow 2Na_2SO_4 + 2CO_2$$

$$SO_3 + Na_2CO_3 \longrightarrow Na_2SO_4 + CO_2$$

$$MgSO_4 + Na_2CO_3 \longrightarrow Na_2SO_4 + MgCO_3$$

　　熔块浸取，过滤后调节溶液酸度，使其呈酸性（pH 约 1~2），加入 Ba^{2+} 后，生成硫酸钡沉淀：$SO_4^{2-} + Ba^{2+} \longrightarrow BaSO_4$。

　　滤出 $BaSO_4$ 沉淀，经洗涤、烘干、灰化、灼烧，即可称量。根据硫酸钡的质量计算煤中全硫的含量。

二、仪器与试剂

　　（1）艾氏卡试剂　以 2 份质量的化学纯轻质氧化镁与 1 份质量的化学纯无水碳酸钠混匀并研细至粒度小于 0.2mm 后，保存在密闭容器中。

　　（2）盐酸溶液　（1+1）。

　　（3）氯化钡溶液　100g/L。

　　（4）甲基橙溶液　20g/L。

　　（5）硝酸银溶液　10g/L，加入几滴硝酸，贮于深色瓶中。

　　（6）瓷坩埚　容量 30mL 和 10~20mL。

　　（7）分析天平　感量 0.0001g。

　　（8）马弗炉　附测温和控温仪表，能升温到 900℃，温度可调并可通风。

三、操作步骤

1. 熔样

称取煤样（粒度应小于 0.2mm）1g，置于 30mL 瓷坩埚中，取艾士卡试剂 2g，放在瓷坩埚内仔细混匀，上面再覆盖 1g 艾士卡试剂，把坩埚推入高温炉内。在 2h 内从室温升到 850℃，在 850℃下加热 2h，取出坩埚，冷却到室温。用玻璃棒把熔块搅碎，熔块中应无残炭颗粒（如果有，则再送入炉中加热）。

2. 熔块浸取

将熔块连同坩埚一并放入 400mL 烧杯中，用热蒸馏水洗出坩埚。加入 100~150mL 热蒸馏水，充分搅拌使熔块散碎，煮沸约 5min（此时如果发现有未燃烧完全的黑色颗粒漂浮在溶液表面，则此次试验报废）。用定性滤纸滤出不溶物，收集滤液在烧杯中，再用热蒸馏水吹洗不溶物，吹洗时应注意每次加水要少些，多吹洗几次（约 12 次，最后溶液体积不超 300mL）。

3. 调整试液酸度

在滤液中滴加甲基橙（2g/L 水溶液）指示剂 3 滴，然后用 HCl 溶液（1+1）调节酸度。先调至甲基橙的黄色刚转为红色，然后再多加 2mLHCl 溶液（1+1）。

把烧杯放到电热板上加热到微沸，在不断搅拌下，慢慢滴加 10mL BaCl$_2$ 溶液（100g/L），在电热板上保温 2h（或放置过夜），慢速定量滤纸过滤。用热蒸馏水洗至无 Cl$^-$，将沉淀用滤纸正确折叠放在 850℃下已恒量的坩埚中进行干燥，灰化至滤纸已无黑色，然后放在 850℃的高温炉中灼烧 40min，取出，先在空气中冷却，然后移入干燥器中冷到室温，称量。

四、结果处理

$$S_Q^f = \frac{(m_1 - m_2) \times 0.1374}{m} \times 100\%$$

式中　S_Q^f——空气干燥煤样中全硫的含量，%；

m——煤样质量，g；

m_1——灼烧后硫酸钡的质量，g；

m_2——空白试验硫酸钡的质量，g；

0.1374——由硫酸钡换算为硫的换算系数。

五、测定允许误差

测定全硫的允许误差见表 3-7。

表 3-7　测定全硫的允许误差

S_Q^f	同一实验室/%	不同实验室/%
<1	0.05	0.10
1~4	0.10	0.20
>4	0.20	0.30

方法讨论

（1）必须在通风下进行半熔反应，否则煤粒燃烧不完全而使部分硫不能转化为 SO_2。这就是为什么在半熔完毕后，用水抽提不得有黑色颗粒的缘故。

（2）在用水浸取、洗涤时，溶液体积不宜过大，当加入 $BaCl_2$ 溶液后，最后体积应在 200mL 左右为宜。体积过大，虽然 $BaSO_4$ 的溶度积不大，但是也会影响测定值（偏低）。

（3）调节酸度到微酸性，同时再加热，是为了消除 CO_3^- 的影响：

$$2H^+ + CO_3^- \longrightarrow H_2O + CO_2$$

（4）在热溶液中加入 $BaCl_2$ 溶液以及在搅拌下慢慢滴加，都是为了防止 Ba^{2+} 局部过浓，以致造成局部 $[Ba^{2+}]$ 和 $[SO_4^{2-}]$ 的乘积大于溶度积而析出沉淀。在上述条件下可以使 $BaSO_4$ 晶体慢慢形成，长成较大颗粒。

（5）在洗涤过程中，每次吹入蒸馏水前，应该将洗液都滤干，这样洗涤效果较好。

（6）在灼烧前不得残留滤纸，高温炉也应通风。如果这两方面不注意，$BaSO_4$ 会被还原而导致测定结果偏低。

$$BaSO_4 + 2C \longrightarrow BaS + 2CO_2$$

知识补充

煤中全硫测定——库仑滴定法

一、原理介绍

煤样在催化剂作用下，于空气流中燃烧分解，煤中硫生成二氧化硫并被碘化钾溶液吸收，以电解碘化钾溶液所产生的碘进行滴定，根据电解所消耗的电量计算煤中全硫的含量。

二、试剂和材料

（1）三氧化钨。

（2）变色硅胶　工业品。

（3）氢氧化钡　化学纯。

（4）电解液　碘化钾、溴化钾各 5g，冰醋酸 10mL 溶于 250～300mL 水中。

（5）燃烧舟　长 70～77mm，素瓷或刚玉制品，耐热 1200℃以上。

三、仪器和设备

库仑测硫仪由下列各部分构成。

1. 管式高温炉

能加热到 1200℃以上并有 90mm 以上长的高温带（1150±5）℃，附有铂铑-铂热电偶测温及控温装置，炉内装有耐温 1300℃以上的异径燃烧管。

2. 电解池和电磁搅拌器

电解池高 120～180mm，容量不少于 400mL。内有面积约 150mm² 的铂电解电极对和面积约 15mm 的铂指示电极对。指示电极响应时间应小于 1s，电磁搅拌器转速约 500r/min，且连续可调。

3. 库仑积分器

电解电流 0～350mA 范围内积分线性误差应小于±0.1%。配有 4～6 位数字显示器和打印机。

4. 送样程序控制器

可按指定的程序前进、后退。

5. 空气供应及净化装置

由电磁泵和净化管组成。供气量约 1500mL/min，抽气量约 1000mL/min，净化管内装氢氧化钠及变色硅胶。

四、操作步骤

将管式高温炉升温至 1150℃，用另一组铂铑-铂热电偶高温计测定燃烧管中高温带的位置、长度及 500℃ 的位置。调节送样程序控制器，使煤样预分解及高温分解的位置分别处于 500℃ 和 1150℃ 处。在燃烧管出口处充填洗净、干燥的玻璃纤维棉；在距出口端约 80～100mm 处，充填厚度约 3mm 的硅酸铝棉。将程序控制器、管式高温炉、库仑积分器、电解池、电磁搅拌器和空气供应及净化装置组装在一起。燃烧管、活塞及电解池之间连接时应口对口紧接并用硅橡胶管封住。开动抽气泵和供气泵，将抽气流量调节到 1000mL/min，然后关闭电解池与燃烧管间的活塞，如抽气量降到 500mL/min 以下，证明仪器各部件及各接口气密性良好，否则需检查各部位及其接口。

将管式高温炉升温并控制在（1150±5）℃。开动供气泵和抽气泵并将抽气流量调节到 1000mL/min。在抽气下，将 250～300mL 电解液加入电解池内，开动电磁搅拌器。

在瓷舟中放入少量非测定用的煤样，按下述方法进行测定（终点电位调整试验）。如试验结果后库仑积分器的显示值为 0，应再次测定直至显示值不为 0。

于瓷舟中称取粒度小于 0.2mm 的空气干燥煤样 0.05g（称准至 0.0002g），在煤样上盖一薄层三氧化钨。将瓷舟置于送样的石英托盘上，开启送样程序控制器，煤样即自动送进炉内，库仑滴定随即开始。试验结束后，库仑积分器显示出硫的质量（mg）或百分含量并由打印机打出。

五、结果计算

当库仑积分器最终显示数为硫的质量（mg）时，全硫含量按下式计算：

$$S_Q^f = \frac{m_1}{m} \times 100\%$$

式中　S_Q^f——空气干燥煤样中的全硫含量，%；

　　　m_1——库仑积分器显示值，mg；

　　　m——煤样质量，mg。

任务 2　煤中碳、氢含量的测定

煤的基本结构单元组成是以碳为骨架的多聚芳香环系统，在芳香环周围有碳、氢、氧及少量的氮和硫等原子组成的侧链和官能团。如羧基（—COOH）、羟基（—OH）和甲氧基（—OCH₃）。说明了煤中有机质主要由碳、氢、氧和氮、硫等元素组成。

煤的变质程度不同，其结构单元不同，元素组成也不同。碳含量随变质程度的增加而增加，氢、氧含量随变质程度的增加而减少，氮、硫与变质程度则无关系（但硫含量与成煤的古地质环境和条件有关）。

技能操作

一、原理分析

在氧气流条件下，称取一定量的空气干燥煤样进行燃烧，生成的水和二氧化碳分别用吸水剂和二氧化碳吸收剂吸收，由吸收剂的增重计算煤矿中碳和氢的含量。煤样中硫和氯对测定的干扰在三节炉中用铬酸铅和银丝卷消除，在二节炉中用高锰酸银热解产物消除。氮对碳测定的干扰用粒状二氧化锰消除。

二、材料和试剂

（1）碱石棉　化学纯，粒度 1～2mm；或碱石灰：化学纯，粒度 0.5～2mm。

（2）无水氯化钙　分析纯，粒度 2～5mm；或无水过氯酸镁：分析纯，粒度 1～3mm。

（3）氧化铜　分析纯，粒度 1～4mm，或线状（长约 5mm）。

（4）铬酸铅　分析纯，粒度 1～4mm。

（5）银丝卷　丝直径约 0.25mm。

（6）铜丝卷　丝直径约 0.5mm。

（7）氧气　不含氢。

（8）三氧化二铬　称取少量铬酸铵放在较大的蒸发皿中，微微加热，铵盐立即分解成墨绿色、疏松状的三氧化二铬。收集后放在马弗炉中，在（600±10）℃下灼烧 40min，放在空气中使呈空气干燥状态，保存在密闭容器中备用。

（9）粒状二氧化锰　称取 25g 硫酸锰（$MnSO_4 \cdot 5H_2O$），溶于 500mL 蒸馏水中，另称取 16.4g 高锰酸钾，溶于 300mL 蒸馏水中，分别加热到 50～60℃。然后将高锰酸钾溶液慢慢注入硫酸锰溶液中，并加以剧烈搅拌。之后加入 10mL（1+1）硫酸（GB 625，化学纯），将溶液加热到 70～80℃，并继续搅拌 5min，停止加热，静置 2～3h。用热蒸馏水以倾泻法洗至中性，将沉淀移至漏斗过滤，然后放入干燥箱中，在 150℃ 左右干燥，得到褐色、疏松状的二氧化锰，小心破碎和过筛，取粒度 0.5～2mm 的备用。

（10）氧化氮指示胶　在瓷蒸发皿中将粒度小于 2mm 的无色硅胶 40g 和浓盐酸 30mL 搅拌均匀。在沙浴上把多余的盐酸蒸干至看不到明显的蒸气逸出为止。然后把硅胶粒浸入 30mL、10%硫酸氢钾溶液中，搅拌均匀取出干燥。再将它浸入 30mL、0.2% 的雷伏奴耳（乳酸-6，9-二氨-2-乙氧基吖啶）溶液中，搅拌均匀，用黑色纸包好干燥，放在深色瓶中，置于暗处保存，备用。

（11）高锰酸银热解产物　当使用二节炉时，需制备高锰酸银热解产物。称取 100g 化学纯高锰酸钾，溶于 2L 沸蒸馏水中，另取 107.5g 化学纯硝酸银先溶于约 50mL 蒸馏水中，在不断搅拌中，倾入沸腾的高锰酸钾溶液中。搅拌逐渐冷却，静置过夜。将生成的有光泽的、深紫色晶体用蒸馏水洗涤数次。在 60～80℃下干燥 4h。将晶体一点一点地放在瓷皿中，在电炉上缓缓加热至骤分解，得疏松状、银灰色产物，收集在磨口瓶中备用。

正确处理未分解的高锰酸钾。不宜大量贮存，以免受热分解，不安全。

三、仪器和设备

1. 碳氢测定仪

碳氢测定仪包括净化系统、燃烧装置和吸收系统三个主要部分，结构如图 3-3 所示。

（1）净化系统包括以下部件

① 鹅头洗气瓶　容量 250～500mL，内装 40%氢氧化钾（或氢氧化钠）溶液。

② 气体干燥塔　容量 500mL 两个，一个上部（约 2/3）装氯化钙（或过氯酸镁），下部

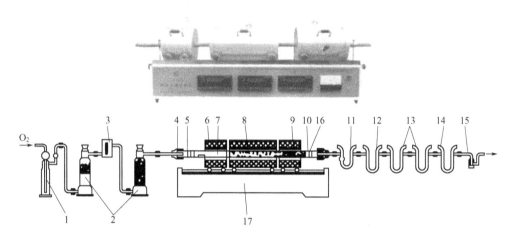

图 3-3 碳氢测定仪

1—鹅头洗气瓶；2—气体干燥塔；3—流量计；4—橡皮帽；5—铜丝卷；6—燃烧舟；

7—燃烧管；8—氧化铜；9—铬酸铅；10—银丝卷；11—吸水 U 形管；12—除氮 U 形管；

13—吸二氧化碳 U 形管；14—保护用 U 形管；15—气泡计；16—保温套管；17—三节电炉

（约 1/3）装碱石棉（或碱石灰）；另一个装氯化钙（或过氯酸镁）。

③ 流量计 量程为 0～150mL/min。

（2）燃烧装置 由一个三节（或二节）管式炉及其控制系统构成，主要包括以下部件。

① 电炉 三节炉或二节炉（包括双管炉或单管炉），炉膛直径约 35mm。

三节炉：第一节长约 230mm，可加热到（800±10）℃并可沿水平方向移动；第二节长 330～350mm，可加热到（500±10）℃；第三节炉装有热电偶、测温和控温装置。

② 燃烧管 瓷、石英、钢玉或不锈钢制成，长 1100～1200mm（使用二节炉时，长约 800mm），内径 20～22mm，壁厚约 2mm。

③ 燃烧舟 瓷或石英制成，长约 80mm。

④ 保温套 铜管或铁管，长约 150mm，内径大于燃烧管，外径小于炉膛直径。

⑤ 橡皮帽（最好用耐热硅橡胶）或铜接头。

（3）吸收系统包括以下部件

① 吸水 U 形管 如图 3-4 所示，装药部分高 100～120mm，直径约 15mm，进口端有一个球形扩大部分，内装无水氯化钙或无水过氯酸镁。

② 吸收二氧化碳 U 形管 2 个，如图 3-5 所示。装药部分高 100～120mm，直径约 15mm，前 2/3 装碱石棉或碱石灰，后 1/3 装无水氯化钙或无水过氯酸镁。

③ 除氮 U 形管 如图 3-5 所示。装药部分高 100～120mm，直径约 15mm，前 2/3 装二氧化锰，后 1/3 装无水氯化钙或无水过氯酸镁。

④ 气泡计容量约 10mL。

2. 分析天平

感量 0.0001g。

3. 贮气筒

容量不少于 10L。

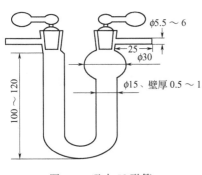

图 3-4　吸水 U 形管

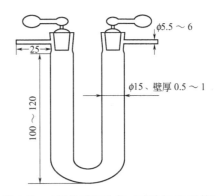

图 3-5　二氧化碳吸收管（或除氧 U 形管）

4. 下口瓶

容量约 10L。

5. 其他

带磨口塞的玻璃管或小型干燥器（不装干燥剂）。

四、试验准备

1. 净化系统各容器的充填和连续

在净化系统各容器中装入相应的净化剂，然后按图 3-3 顺序将容器连接好。

氧气可采用贮气筒和下口瓶或可控制流速的氧气瓶供给。为指示流速，在两个干燥塔之间接入一个流量计。

净化剂经 70～100 次测定后，应进行检查或更换。

2. 吸收系统各容器的充填和连接

在吸收系统各容器中装入相应的吸收剂，然后按图 3-3 顺序将容器连接好。

吸收系统的末端可连接一个空 U 形管（防止硫酸倒吸）和一个装有硫酸的气泡计。

如果作吸水剂用的氯化钙含有碱性物质，应先用二氧化碳饱和。然后除去过剩的二氧化碳。处理方法如下：把无水氯化钙破碎至需要的粒度（如果氯化钙在保存和破碎中已吸水，可放入马弗炉中在约 300℃下灼烧 1h），装入干燥塔或其他适当的容器内（每次串联若干个）。缓慢通入干燥的二氧化碳气 3～4h，然后关闭干燥塔，放置过夜。通入不含二氧化碳的干燥空气，将过剩的二氧化碳除尽。处理后的氯化钙贮于密闭的容器中备用。

若有下列现象时，应更换 U 形管中试剂。

（1）U 形管中的氯化钙开始溶化并阻碍气体畅通。

（2）第二个吸收二氧化碳的 U 形管做一次试验时其质量增加达 50mg 时，应更换第一个 U 形管中的二氧化碳吸收剂。

（3）二氧化锰一般使用 50 次左右应进行检查或更换。

检查方法：将氧化氮指示胶装在玻璃管中，两端堵以棉花，接在除氮管后面。或将指示胶少许放在二氧化碳吸收管进气端棉花处。燃烧煤样，若指示剂由草绿色变成血红色，表示应更换二氧化锰。

U 形管更换试剂后，通入氧气待质量恒定后方能使用。

3. 燃烧管的填充

（1）使用三节炉时，按图3-6填充。

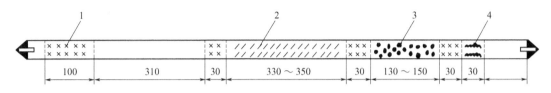

图 3-6　三节炉燃烧填充示意

1—铜丝卷；2—氧化铜；3—铬酸铅；4—银丝卷

① 制作三个长约30mm和一个长约100mm的丝直径约0.5mm铜丝卷，直径稍小于燃烧管的内径，使之既能自由插入管内又与管壁密接。制成的铜丝卷应在马弗炉中于800℃左右灼烧1h再用。

② 燃烧管出气端留50mm空间，然后依次充填30mm直径约0.25mm银丝卷，30mm铜丝卷，130～150mm（与第三节电炉长度相等）粒状或线状氧化铜，30mm铜丝卷，310mm空间（与第一节电炉上燃烧舟长度相等）和100mm铜丝卷。

③ 燃烧管两端装以橡皮帽或铜接头，以便分别同净化系统和吸收系统连接。橡皮帽使用前应预先在105～110℃下干燥8h左右。

燃烧管中的填充物（氧化铜、铬酸铅和银丝卷）经70～100次测定后检查或更换。

（2）使用二节炉时，按图3-7填充。

先制成两个长约10mm和一个长约100mm的铜丝卷。再用3～4层100目铜丝布剪成的圆形垫片与燃烧管密接，用以防止粉状高锰酸银热解产物被氧气流带出，然后按图3-7装好。

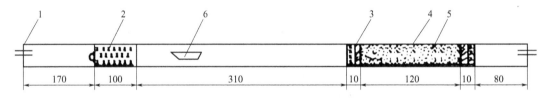

图 3-7　二节炉燃烧管填充示意

1—橡皮帽；2—铜丝卷；3—铜丝圆垫；4—保温套管；5—高锰酸银热解产物；6—瓷舟

4. 炉温的校正

将工作热电偶插入三节炉的热电偶孔内，使热端稍进入炉膛，热电偶与高温计连接。将炉温升至规定温度，保温1h。然后将标准热电偶依次插到空燃烧管中对应于第一、第二、第三节炉的中心处（注意勿使热电偶和燃烧管管壁接触）。调节电压，使标准热电偶达到规定温度并恒温5min。记下工作热电偶相应的读数，以后即以此为准控制温度。

5. 空白试验

将装置按图3-3连接好，检查整个系统的气密性，直到每一部分都不漏气以后，开始通电升温，并接通氧气。在升温过程中，将第一节电炉往返移动几次，并将新装好的吸收系统通气20min左右。取下吸收系统，用绒布擦净，在天平旁放置10min左右，称量，当第一节和第二节炉达到并保持在（800±10）℃，第三节炉达到并保持在（600±10）℃后开始作空白试验。此时将第一节炉移至紧靠第二节炉，接上已经通气并称量过的吸收系统。在一个燃烧舟上加入氧化铬（数量和煤样分析时相当）。打开橡皮帽，取出铜丝卷，将装有氧化铬的燃烧舟用镍铬丝推至第一节炉入口处，将铜丝卷放在燃烧舟后面，套紧橡皮帽，接通氧气，调节氧气流量为120mL/min。移动第一节炉，使燃烧舟位于炉子中心。通气23min，将炉子移回原位。2min后取下U形管，用绒布擦净，在天平旁放置10min后称量。吸水U形管的质量增加数即为空白值。重复上述试验，直到连续两次所得空白值相差不超过0.001g，除氮管、二氧化碳吸收管最后一次质量变化不超过0.0005g为止。取两次空白值的平均值作为当天氢的空白值。

在做空白试验前，应先确定保温套管的位置，使出口端温度尽可能高又不会使橡皮帽热分解。如空白值不易达到稳定，则可适当调节保温管的位置。

五、操作步骤

（1）将第一节和第二节炉温控制在（800±10）℃，第三节炉温控制在（600±10）℃，并使第一节炉紧靠第二节炉。在预先灼烧过的燃烧舟中称取粒度小于0.2mm的空气干燥煤样0.2g，精确至0.0002g，并均匀铺平。在煤样上铺一层三氧化二铬。可把燃烧舟暂存入专用的磨口玻璃管或不加干燥剂的干燥器中。

（2）连接已称量的吸收系统，并以120mL/min的流量通入氧气。关闭靠近燃烧管出口端的U形管，打开橡皮帽，取出铜丝卷，迅速将燃烧舟放入燃烧管中，使其前端刚好在第一节炉口。再将铜丝卷放在燃烧舟后面，套紧橡皮帽，立即开启U形管，通入氧气，并保持120mL/min的流量。1min后向净化系统方向移动第一节炉，使燃烧舟的一半进入炉子。过2min，使燃烧舟全部进入炉子。再过2min，使燃烧舟位于炉子中央。保温18min后，把第一节炉移回原位。2min后，停止排水抽气。关闭和拆下吸收系统，用绒布擦净，在天平旁放置10min后称量（除氮管不称量）。

（3）也可使用二节炉进行碳、氢测定。把第一节炉控温在（800±10）℃，第二节炉控温在（500±10）℃，并使第一节炉紧靠第二节炉。每次空白试验时间为20min。燃烧舟位于炉子中心时，保温13min，其他操作同上。

测定装置可靠性检查，称取0.2～0.3g分析纯蔗糖或分析纯苯甲酸，加入20～30mg纯"硫华"进行3次以上碳、氢测定。测定时，应先将试剂放入第一节炉炉口，再升温，且移炉速度应放慢以防有机试剂爆燃。如实测的碳、氢值与理论计算值的差值，氢不超过±0.10%，碳不超过±0.30%，并且无系统偏差，表明测定装置可用，否则需查明原因并彻底纠正后才能进行正式测定。如使用二节炉，则在第一节炉移至紧靠第二节炉5min以后，待炉口温度降至100～200℃，再放有机试剂，并慢慢移炉，而不能采用上述降低炉温的方法。

六、数据处理

空气干燥煤样的碳、氢含量按下式计算：

$$G^f = \frac{0.2729m_1}{m} \times 100\%$$

$$H^f = \frac{0.1119(m_2 - m_3)}{m} \times 100\% - 0.1119W^f$$

式中　G^f——空气干燥煤样的碳含量，%；

　　　H^f——空气干燥煤样的氢含量，%；

　　　m_1——吸收二氧化碳的 U 形管的增重，g；

　　　m_2——吸收水分的 U 形管的增重，g；

　　　m_3——水分空白值，g；

　　　m——煤样的质量，g；

　　0.2729——将二氧化碳折算为碳的换算系数；

　　0.1119——将水折算为氢的换算系数；

　　　W^f——空气干燥煤样的水分含量，%。

当空气干燥煤样中碳酸盐二氧化碳含量大于 2% 时，则

$$G^f = \frac{0.2729 m_1}{m} \times 100\% - 0.2729(CO_2)^f$$

式中　$(CO_2)^f$——空气干燥煤样中碳酸盐二氧化碳的含量，%。

🖋 方法讨论

燃烧管中的填充物有一定的使用寿命。一般经 70~100 次测定后应检查或更换。有些填充剂经处理后可重复使用，如：

（1）氧化铜填充剂可用 1mm 孔径筛子筛去粉末，筛上的氧化铜备用；

（2）铬酸铅填充剂可用热的稀碱液（约 5% 氢氧化钠溶液）浸渍，用水洗净、干燥，并在 500~600℃ 下灼烧 0.5h 以上后使用；

（3）银丝卷用浓氨水浸泡 5min，在蒸馏水中煮沸 5min，用蒸馏水冲洗干净，干燥后再用。

任务3 ▷ 煤发热量的测定

供热用煤或焦炭的主要质量指标之一就是发热量。燃煤或焦炭工艺过程的热平衡、煤或焦炭耗量、热效率等的计算，都以发热量为依据。煤的发热量是指单位质量的煤完全燃烧时所产生的热量，以符号 Q 表示，也称为热值。其结果用"J/g"表示。在煤质研究中，可以根据发热量粗略推测煤的变质程度。

发热量可以直接测定，也可以由工业分析的结果粗略地计算。现行企业中测定煤的发热量不属于常规分析项目。

发热量的表示方法有弹筒发热量、恒容高位发热量、恒容低位发热量三种。

（1）弹筒发热量　单位质量的试样在充有过量氧气的氧弹内燃烧，其燃烧产物组成为氧气、氮气、二氧化碳、硝酸和硫酸、液态水以及固态灰时放出的热量称为弹筒发热量。

（2）恒容高位发热量　单位质量的试样在充有过量氧气的氧弹内燃烧，其燃烧产物组成为氧气、氮气、二氧化碳、二氧化硫、液态水以及固态灰时放出的热量称为恒容高位发热量。

（3）恒容低位发热量　即由高位发热量减去水（煤中原有的水和煤中氢燃烧生成的水）的汽化热后得到的发热量。其产物组成为氧气、氮气、二氧化碳、二氧化硫、气态水以及固

态灰时放出的热量称为恒容低位发热量。

技能操作

一、原理分析——氧弹式量热计法

将一定量的分析煤样在充满高压氧气的弹筒（浸没在装一定质量水的容器——俗称内筒）内完全燃烧，生成的热被水吸收，水温升高，由水升高的温度，计算样品的发热量。

从弹筒发热量中扣除硝酸形成热和硫酸校正热（硫酸与二氧化硫形成热之差）后即得高位发热量。对煤中的水分（煤中原有的水和氢燃烧生成的水）的汽化热进行校正后求得煤的低位发热量。由于弹筒发热量是在恒定体积下测定的，所以它是恒容发热量。

二、仪器和设备

氧弹式量热计法采用的量热计有恒温式和绝热式两种，两者基本结构相似，其区别在于热交换的控制方式不同，前者在外筒内装入大量的水，使外筒水温基本保持不变；后者是让外筒水温追随内筒水温而变化，故在测定过程中内外筒之间可以认为没有热交换。恒温式量热计见图3-8，主要由内筒、氧弹、外筒、温度计、点火装置组成。

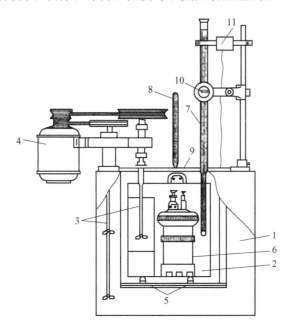

图3-8 恒温式量热计

1—外筒；2—内筒；3—搅拌器；4—马达；5—绝缘支柱；
6—氧弹；7—量热温度计；8—外筒温度计；
9—盖子；10—放大镜；11—振荡器

1. 内筒

由紫铜、黄铜或不锈钢板制成。如图3-9内筒的装水量为2000～3000mL，应能浸没氧弹。内筒内侧的半圆形竖筒为搅拌器室。内筒置于外筒内，与外筒间距10mm，底部有绝缘支柱支撑。内筒外表面应光亮，避免与外筒间的辐射作用。

图 3-9　内筒

2. 氧弹

由耐热、耐腐蚀的镍铬钼合金制成，其结构见图 3-10。

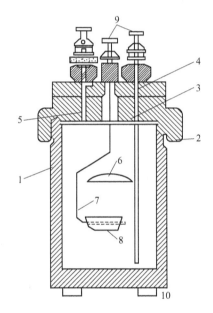

图 3-10　氧弹结构

1—弹体；2—弹盖；3—进气管；4—进气阀；

5—排气管；6—遮火罩；7—电极柱；8—燃烧皿；

9—接线柱；10—弹脚

弹筒容积为 $250\sim300\mathrm{mL}$，经 $9.81\times10^{6}\mathrm{Pa}$ 水压试验证明无问题后方能使用。氧弹针形阀不仅供充氧、抽气、排气用，同时又是点火电极一端，另一电极为弹体本身，两电极间采用聚四氟乙烯绝缘。

3. 外筒

由不锈钢板制成的夹层筒，外壁呈圆形。夹层中充水并使水温保持恒定。内表面也应光亮，避免辐射作用。外筒有两个半圆形的胶木盖，盖上有孔，以插入温度计、搅拌器等。设用自动恒温装置，控制水温在测试过程中稳定不变（$\pm0.1℃$）。

4. 温度计

测量内筒中水温的变化值，是准确测定发热量的一个关键，因而必须使用高精密度的温度计。通常大都使用可变测温范围的贝克曼温度计，最小刻度为 0.01℃，放大后可估读至 0.001℃。因为量程可变，所以可测 $-10 \sim 120$℃ 范围内的任何温度变化。

5. 点火装置

将一根已知热值的细金属丝接在氧弹内的两电极之间，通电后，金属丝熔断引燃试样。

三、材料和试剂

(1) **点火丝** 已知发热量、直径为 0.1mm 的铁丝 (6694J/g)、铜丝 (2510J/g)、镍铬丝 (1400J/g)、棉线 (1748J/g)、铂丝 (418J/g)。

(2) **氢氧化钠标准滴定溶液** $c(\text{NaOH}) = 0.1\text{mol/L}$。

(3) **甲基橙指示剂** 2g/L 或酚酞指示剂 (10g/L)。

(4) **苯甲酸试剂** 一级，标准发热量为 26464J/g，供测定量热计热容量时作为基准物。

(5) **氧气** 不能含可燃物，不能使用电解法制备的氧气。

四、操作步骤

称取 $1 \sim 1.1$g 分析煤样放在氧弹中，从氧气钢瓶充入氧气至初压 $2.6 \sim 3.0$MPa，利用电流加热弹筒内的金属丝使煤样着火。煤样在过量的氧气中完全燃烧，其产物有 CO_2、H_2O 和灰以及燃烧后被水吸收形成的产物 H_2SO_4 和 HNO_3 等。燃烧产生的热量被内套筒的水所吸收。根据水温的上升，并进行一系列的温度校正后，可计算出单位质量的煤燃烧时所产生的热量，即弹筒发热量 $Q_{t,f}$。

五、弹筒发热量 $Q_{t,f}$ 的校正和结果计算

1. 弹筒发热量 $Q_{t,f}$ 的校正

恒温式量热计

$$Q_{t,f} = \frac{EH[(t_n + h_n) - (t_0 + h_0) + C] - (q_1 + q_2)}{m}$$

式中　$Q_{t,f}$——分析试样的弹筒发热量，J/g；

　　　E——热量计的热容量，J/K；

　　　t_0——煤试样灼烧前的温度，K；

　　　t_n——煤试样灼烧后的温度，K；

　　　h_0——温度为 t_0 时对温度计刻度的校正值，K；

　　　h_n——温度为 t_n 时对温度计刻度的校正值，K；

　　　C——量热计热交换校正值，K；

　　　q_1——点火热，J；

　　　q_2——添加物如包纸等产生的总热量，J；

　　　m——试样质量，g；

　　　H——贝克曼温度计的平均分度值。

绝热式量热计

$$Q_{t,f} = \frac{EH[(t_n+h_n)-(t_0+h_0)]-(q_1+q_2)}{m}$$

2. 恒容高位发热量（$Q_{gr,v,f}$）的计算

$$Q_{gr,v,f} = Q_{t,f}-(95S_{t,f}+\alpha Q_{t,f})$$

式中　$Q_{gr,v,f}$——分析煤样的高位发热量，J/g；

　　　$Q_{t,f}$——分析煤样的弹筒发热量，J/g；

　　　$S_{t,f}$——由弹筒洗液测得的硫含量，通常用煤的全硫量代替，%；

　　　95——硫酸生成热校正系数，为 0.01g 硫生成硫酸的化学生成热和溶解热之和，J；

　　　α——硝酸生成热校正系数，当 $Q_{t,f} \leqslant 16.70 kJ/g$ 时，$\alpha = 0.001$；当 $16.70 kJ/g < Q_{t,f} \leqslant 25.10 kJ/g$ 时，$\alpha = 0.0012$；当 $Q_{t,f} > 25.10 kJ/g$ 时，$\alpha = 0.0016$。

3. 恒容低位发热量（$Q_{net,v,f}$）的计算

$$Q_{net,v,f} = Q_{gr,v,f}-25(W^f+9H^f)$$

式中　$Q_{net,v,f}$——分析煤样的恒容低位及热量，J/g；

　　　25——常数，相当于 0.01g 水的蒸发热，J；

　　　W^f——煤的空气干燥基水分含量，%；

　　　H^f——分析煤样中氢的含量，%。

💡 知识补充

由工业分析结果计算煤的发热量

　　煤的发热量可以直接用量热仪测定，但大多数厂矿的化验室由于仪器条件的限制无法测定，因此利用煤的工业分析结果如水分、灰分、挥发分等来计算煤的发热量，对于指导生产、降低煤耗具有很大的实用意义。

一、无烟煤空气干燥基低位发热量的计算式

$$Q_{net,ad} = K_0-86M_{ad}-92A_{ad}-24V_{ad}$$

式中　$Q_{net,ad}$——煤的空气干燥基低位发热量，kcal/kg（1cal=4.1816J）；

　　　M_{ad}——煤的空气干燥基水分；

　　　A_{ad}——煤的空气干燥基灰分；

　　　V_{ad}——煤的空气干燥基挥发分；

　　　K_0——系数。

无烟煤、H_{daf}、V_{daf} 与 K_0 值的对应关系见表 3-8、表 3-9。

表 3-8　无烟煤 H_{daf} 与 K_0 值的对应关系

H_{daf}	$\leqslant 0.6$	0.6~1.2	1.2~1.5	1.5~2.0	2.0~2.5	2.5~3.0	3.0~3.5	3.5~4.0
K_0	7700	7900	8050	8200	8300	8350	8450	8550

表 3-9　无烟煤 V_{daf} 与 K_0 值的对应关系

V_{daf}	$\leqslant 3$	3~5.5	5.5~8.0	>8.0
K_0	8200	8300	8400	8500

V_{daf} 校正可由表 3-10 中的公式求得。

表 3-10 V_{daf} 计算式

$A_d/\%$	30～40	25～30	20～25	15～20	10～15	≤1
V_{daf} 计算式	$0.80V_{daf}$ $-0.1A_d$	$0.85V_{daf}$ $-0.1A_d$	$0.95V_{daf}$ $-0.1A_d$	$0.80V_{daf}$	$0.90V_{daf}$	$0.95V_{daf}$

二、烟煤空气干燥基低位发热量的计算式

$$Q_{net,ad}=100K_1'-(K_1+6)(M_{ad}+A_{ad})-3V_{ad}-40M_{ad}$$

只有少数 $V_{daf}<35\%$、同时 M_{ad} 又大于 3% 的烟煤，在计算 $Q_{net,ad}$ 时才减去最后一项（即 $40M_{ad}$）。

式中　K_1'——系数，可按 V_{daf} 和焦渣特征由表 3-12 中查得。在查表前先将 V_{ad} 换算成 V_{daf}，再从表 3-11 中查出 K_1' 值。

表 3-11　烟煤的 K_1' 值

$V_{daf}/\%$ ＼ 焦渣特征	10～13.5	13.5～17	17～20	20～23	23～29	29～32	32～35	35～38	38～42	＞42
1	84.0	80.5	80.0	79.5	76.5	76.5	73.0	73.0	73.0	72.5
2	84.0	83.5	82.0	81.0	78.5	78.0	77.5	76.5	75.5	74.5
3	84.5	84.5	83.5	82.5	81.0	80.0	79.0	78.5	78.0	76.5
4	84.5	85.0	84.0	83.0	82.0	81.0	80.0	79.5	79.0	77.5
5～6	84.5	85.0	85.0	84.0	83.5	82.5	81.5	81.0	80.0	79.5
7	84.5	85.0	85.0	85.0	84.5	84.0	83.0	82.5	82.0	81.0
8	不出现	85.0	85.0	85.0	85.0	84.5	83.5	83.0	82.5	82.0

注：1. 对于 $V_{daf}>55\%$，焦渣特征 7～8 的江西乐平煤，K_1' 取 84.5。

2. 焦渣特征按 GB/T 212—2008 规定。

表 3-12　焦渣特征

序号	特　征
1	粉状；
2	黏着，手指轻压即成粉状；
3	弱黏性，以手指轻压碎成块状；
4	不熔融黏结，用手指使劲压才成小块；
5	不膨胀，熔融黏结，焦渣是扁平的饼状，煤粒的界线不清，表面有银白色的金属光泽；
6	膨胀熔融黏结，表面有银白色的金属光泽，高度不超过 15mm；
7	膨胀熔融黏结，表面有银白色的金属光泽，高度超过 15mm

三、褐煤空气干燥基低位发热量的计算式

$$Q_{net,ad}=100K_2'-(K_2'+6)(M_{ad}+A_{ad})-3V_{ad}-40M_{ad}$$

式中　K_2'——系数。

我国主要无烟煤矿区的 K_2' 值可从表 3-13 中查得。对于未知矿区的煤，可利用平均 O_{daf} 或 V_{daf} 由表 3-14 或表 3-15 来确定 K_2' 值。

表 3-13　我国主要褐煤矿区煤的 K_2' 值

矿区名称	扎赉诺尔	义马	平庄	沈阳	舒兰	小龙潭	黄县
K_2'	65.0	68.5	68.5	67.0	65	63.0	67

表 3-14　褐煤 O_{daf} 与 K_2' 值的对应关系

O_{daf}	15～17	17～19	19～21	21～23	23～25	25～27	27～29	＞29
K_2'	69.0	67.5	66	64	63	62	61	59

表 3-15　褐煤 V_{daf} 与 K_2' 值的对应关系

V_{daf}	37～45	45～49	49～56	56～62	＞62
K_2'	68.5	67.0	65.0	63.0	61.5

四、标准煤耗的计算

各种燃料设备消耗能源的多少，可用标准煤耗来表示，用下式计算：

$$标准煤耗＝实物煤耗×Q_{net,ar}/7000（千克标煤/单位产品）$$

【例 3-2】　某厂烟煤的 $M_{ar}＝10.50\%$，$M_{ad}＝2.71\%$，$A_{ad}＝23.20\%$，$V_{ad}＝26.41\%$，焦渣特征为 5，实物煤耗 290kg/t 熟料。试求 $Q_{net,ad}$，$Q_{net,ar}$ 和标准煤耗值。

解　$V_{daf}＝V_{ad}×100/[100－(M_{ad}＋A_{ad})]$

$\qquad ＝26.41\%×100/[100－(2.71＋23.20)]$

$\qquad ＝35.65\%$

由 V_{daf} 和焦渣特征，由表 3-11 查得 $K_1'＝81.0$

由公式：

$Q_{net,ad}＝100K_1'－(K_1'＋6)×(M_{ad}＋A_{ad})－3V_{ad}$

$\qquad ＝100×81－(81＋6)×(2.71＋23.20)－3×26.41$

$\qquad ＝8100－2254－79$

$\qquad ＝5767（kcal/kg 煤）$

再由公式：

$Q_{net,ar}＝[(Q_{net,ad}＋25M_{ad})×(100－M_{ar})]/(100－M_{ad})－25M_{ar}$

$\qquad ＝(5767＋25×2.71)×(100－10.50)/(100－2.71)－25×10.5$

$\qquad ＝5834.8×89.5/97.29－262.5$

$\qquad ＝5105（kcal/kg 煤）$

标准煤耗＝290×5105/7000＝211.5（kg 标煤/t 熟料）

 习题

1. 煤工业分析包括_____、_____、_____和_____四个分析项目的测定。煤元素分析包括_____、_____、_____、_____项目的测定。

2. 煤的分析有_____和_____两大类分析方法。

3. 艾氏卡试剂是指 2 份质量的_____和 1 份质量的_____的混合物。

4. 燃烧库仑滴定法中使用的催化剂是_____。

5. 测定煤中灰分、挥发分的条件如何？

6. 碳、氢分析方法的原理如何？

7. 测定挥发分时失去质量0.1420g，测定灰分时残渣的质量0.1125g，如已知分析水分为4%，求煤试样中的挥发分、灰分和固定碳的质量分数。

8. 称取空气干燥基煤样1.000g，测定挥发分时，失去质量为0.2842g，已知空气干燥基煤中水分为2.50%，灰分为9.00%，收到基水分为5.40%，求以空气干燥基、干燥基、干燥无灰基、收到基表示的挥发分和固定碳的质量分数。

 阅读材料

ZDHW-A9 高精度万能全自动量热仪

ZDHW-A9 高精度万能全自动量热仪

1. 量热仪/热量仪的适用范围

量热仪/热量仪用于测定所有可燃性固体或黏稠液体物质的发热量以及炸药的爆能，测定范围在100~15000kcal之间都可测量，是目前国内唯一可以达到此标准的万能量热仪。符合GB/T 213—2008《煤的发热量测定方法》的要求。

2. 量热仪/热量仪的技术参数

测量精度：优于国家标准GB/T 213—2008。

使用环境：5~40℃（每次测定室温变化应≤1℃），相对湿度≤80%。

温度分辨率：0.0001℃。

电源：AC 220V±15%，50Hz。

3. 性能特点

（1）采用三桶循环水系统，可连续24h不间断测试样品，信息准确直观，自动注水，自动放水，自动搅拌，自动点火，自动打印结果。

（2）低故障率——自保护、自诊断技术、故障查找快捷，便于维护。

（3）实验自动冷却校正，对环境温度要求宽松，在提高实验准确的同时，又保证了仪器长时间运行的稳定性。

（4）异步多控技术——一台计算机可控制多台仪器同时工作。

（5）轻松简便易用——界面友好，软件容错性好，操作简便。

（6）测试时间短——不超过15min。

（7）实验结果一目了然，是为企业和大专院校科研及军工部门设计的一种非常理想的化验设备。

（8）不锈钢真空内筒。搅拌系统采用德国原装进口电机。

测试速度快，测试周期≤8min（快速法），≤15min（GB/T 213—2008）。

（9）热容量稳定性<0.2%精密度<0.1%，温度分辨率0.0001K。

（10）结构紧凑，造型美观，安装、维护简便，故障率低。

（11）体积小巧，大量使用模具制造，精密度高。

（12）煤炭发热量测试的重复性和再现性优于GB/T 212—2008的要求。

（13）自动化程度高、自动利用内置定容器内桶水量，自动控制仪器内外桶水温温差，自动完成试验全过程。

（14）可采用Windows XP操作系统，实现一机多控，相互间测试互不影响，软件运行稳定性高。数据处理功能丰富，用户能方便查询历史试验数据、当天数据、平行样数据等。

满足GB/T 213—2008的规定"终点时内筒比外筒高1K左右"。

精密微机全自动量热仪，保持了微机系统的全部功能，可运行通用软件进行其他事务处理，同时启动量热仪测量系统可自动标定量热系统的能当量（热容量）、测量发热量。输入硫、水分、氢等数据，即可换算并打印出弹筒发热量、高位发热量、低位发热量等数据。

量热仪装置内筒采用片状桨叶的电动搅拌，外筒的搅拌采用潜水式电动搅拌，使搅拌更均匀、更方便。仪器采用熔断式棉线点火方式。

微机量热仪操作于Windows XP及以上操作系统，全过程中文汉字提示、人机交互，即学即用，按提示操作即可完成试验。

学习情境四 硅酸盐岩矿分析

项目一 硅酸盐水泥分析

 背景知识

　　水泥是由硅酸盐组成的，种类很多，如普通硅酸盐水泥、矿渣硅酸盐水泥、火山灰质硅酸盐水泥、矾土水泥等。不同性质的水泥，分解试样的方法也不同。例如普通硅酸盐水泥、碱性高炉炉渣硅酸盐水泥等能为酸分解，其他许多水泥试样需用碱熔分解。铝酸盐水泥广泛用于钢铁、石油、化工、水泥、电力等行业。工业窑炉作高温耐火材料黏结剂。在国际市场上，由于许多发达国家受资源和环境的限制，该产品也将有广泛的市场。随着科技的发展，耐火材料的用量会逐步减少，而对耐火材料质量的要求越来越高。发达国家钢铁行业的吨钢消耗耐火材料已降到10多千克，也就意味着我国耐火材料的质量品级必须提高。高质量、多品种、施工性能好的耐火材料黏结剂必须适应耐火材料耐久性的需求。这是耐火材料行业发展的必然趋势。浇注料是铝酸盐水泥在耐火材料市场中的主要应用领域，同时整体浇注型耐火材料正在逐步替代定型耐火制品。铝酸盐水泥的良好适应性，促使耐火材料技术由简单的传统喷补料和浇注料，发展到按配方生产施工制作，这样能够显著提高整体浇注型耐火材料的性能和使用寿命，比如低水泥、超低水泥、高致密度、自流、泵送和无定形浇注材料。所以，铝酸盐水泥的发展不仅是满足量的需要，更重要的是产品性能的提高。

任务书

硅酸盐水泥分析任务书

任务名称	硅酸盐水泥分析
任务内容	1. 硅酸盐水泥中烧失量的测定 2. 硅酸盐水泥中三氧化硫含量的测定 3. 硅酸盐水泥中二氧化硅含量的测定 4. 硅酸盐水泥中三氧化二铁含量的测定 5. 硅酸盐水泥中三氧化二铝含量的测定

续表

任务名称	硅酸盐水泥分析
任务内容	6. 硅酸盐水泥中二氧化钛含量的测定 7. 硅酸盐水泥中氧化钙、氧化镁含量的测定 8. 硅酸盐水泥中五氧化二磷含量的测定 9. 硅酸盐水泥中氧化钾、氧化钠含量的测定
工作标准	GB 175—1999
知识目标	1. 掌握硅酸盐水泥试样分解方法的操作原理、技术和要点 2. 掌握硅酸盐水泥中二氧化硅、氧化铝、三氧化二铁、二氧化钛、氧化钙和氧化镁等一般分析项目的分析方法、测定原理和应用 3. 掌握国家标准及相关要求
技能目标	1. 通过学习能制订其他方法来测定硅酸盐水泥中二氧化硅、氧化铝、三氧化二铁、二氧化钛、氧化钙和氧化镁等的含量 2. 通过学习熟练掌握常用溶剂、熔剂和熔融器皿的选择和使用方法 3. 能够解读国家标准

国家标准（GB 175—1999）

普通硅酸盐水泥中主要化学成分（%）：烧失量不得大于 5.0；氧化钙 32～34；氧化铝 50～60；氧化硅 4～8；氧化铁 1～3；氧化亚铁 0～1；氧化钛 1～3；氧化镁的含量不宜超过 5.0；三氧化硫的含量不得超过 3.5；总碱含量按 $Na_2O + 0.658K_2O$ 计算值来表示，量不得大于 0.60。

任务1 ⇨ 烧失量的测定——灼烧差减法

🖐 **技能操作**

一、原理介绍

试样在 (950 ± 25)℃的高温炉中灼烧，驱除二氧化碳和水分，同时将存在的易氧化的元素氧化。通常矿渣硅酸盐水泥应对由硫化物的氧化引起的烧失量的误差进行校正，而其他元素的氧化引起的误差一般可忽略不计。

二、仪器和设备

（1）高温炉　100～1200℃。
（2）电子天平　万分之一。
（3）恒温干燥箱　0～200℃。
（4）坩埚。
（5）干燥器。

三、操作步骤

称取约 1g 试样，精确至 0.0001g，放入已灼烧恒量的瓷坩埚中，将盖斜置于坩埚上，放在高温炉内，从低温开始逐渐升高温度，在 (950 ± 25)℃下灼烧 15～20min，取出坩埚置于干燥器中，冷却至室温，称量。反复灼烧，直至恒量。

四、结果的计算与表示

$$\omega(\text{LOI}) = \frac{m - m_1}{m} \times 100\%$$

式中　$\omega(\text{LOI})$ ——烧失量的质量分数，%；

　　　　m ——试样的质量，g；

　　　　m_1 ——灼烧后试料的质量，g；

💡 方法讨论

试样内的化合水，碳酸盐中的二氧化碳，硫化物中的硫，硫酸盐中的三氧化硫，云母和岩石中的氟以及碳或碳氢化物等，经 900～950℃ 灼烧后，即可全部或部分地被驱逐出来，存在的亚铁盐在此同时亦被氧化，但氧化不完全，所以烧失量乃是这些组分的总和。

任务 2 ➡ 三氧化硫的测定——硫酸钡重量法（基准法）

💡 技能操作

一、原理介绍

在酸性溶液中，用氯化钡溶液沉淀硫酸盐，经过滤灼烧后，以硫酸钡形式称量。测定结果以三氧化硫计。

二、仪器与试剂

（1）盐酸。
（2）氯化钡　10%。
（3）瓷坩埚　30mL。
（4）高温炉　100～1200℃。

三、操作步骤

称取约 0.5g 试样，精确至 0.0001g，置于 200mL 烧杯中，加入约 40mL 水，搅拌使试样完全分散，在搅拌下加入 10mL 盐酸，用平头玻璃棒压碎块状物，加热煮沸并保持微沸（5±0.5）min。用中速滤纸过滤，用热水洗涤 10～12 次，滤液及洗液收集于 400mL 烧杯中。加水稀释至约 250mL，玻璃棒底部压一小片定量滤纸，盖上表面皿，加热煮沸，在微沸下从杯口缓慢逐滴加入 10mL 热的氯化钡溶液，继续微沸 3min 以上使沉淀良好地形成，然后在常温下静置 12～24h 或温热处静置至少 4h（仲裁分析应在常温下静置 12～24h），此时溶液体积应保持在约 200mL。用慢速定量滤纸过滤，以温水洗涤，直至检验无氯离子为止。

将沉淀及滤纸一并移入已灼烧恒量的瓷坩埚中，灰化完全后，放入 800～950℃ 的高温炉内灼烧 30min，取出坩埚，置于干燥器中冷却至室温，称量。反复灼烧，直至恒量。

四、结果的计算与表示

$$w(\text{SO}_3) = \frac{m_1 \times 0.343}{m} \times 100\%$$

式中　$w(SO_3)$——三氧化硫的质量分数，%；

　　　　m_1——灼烧后沉淀的质量，g；

　　　　m——试料的质量，g；

　　　　0.343——硫酸钡对三氧化硫的换算系数。

方法讨论

(1) 称取样品前应将试样放入干燥的烧杯中并搅匀；

(2) 加入盐酸后要仔细搅拌，不得有大块试样存在，以便试样充分溶解；

(3) 长颈漏斗过滤前使漏斗颈充满水，做成水柱，以加快过滤速率；

(4) 滴加氯化钡溶液时要缓慢，以获得纯净的硫酸钡沉淀。

任务3　二氧化硅的测定——氯化铵重量法

在水溶液中绝大部分硅酸以溶胶状态存在。当以浓盐酸处理时，只能使其中一部分硅酸以水合二氧化硅（$SiO_2 \cdot nH_2O$）的形式沉降出来，其余仍留在溶液中。为了使溶解的硅酸能全部析出，必须将溶液蒸发至干，使其脱水，但费时较长。为加快脱水过程，使用盐酸加氯化铵，既安全，效果也最好。

使用盐酸的优点是：

(1) 当盐酸受热时，其中的氯化氢与水形成恒沸点溶液（含 20.2% HCl），不断挥发，从而加速了 $SiO_2 \cdot nH_2O$ 水合物的脱水；

(2) 盐酸溶液的沸点低，加热操作简便，一般放在沸水浴上，温度易于控制；

(3) 氯化物大多易溶于水，在脱水时共存杂质不易污染 SiO_2 沉淀。

技能操作

一、原理介绍

试样以无水碳酸钠烧结，盐酸溶解，加固体氯化铵于沸水浴上加热蒸发，使硅酸凝聚。滤出的沉淀灼烧后，得到含有铁、铝等杂质的不纯的二氧化硅。沉淀用氢氟酸处理后，失去的质量即为纯二氧化硅的量。

二、试剂

(1) 盐酸　（1+1）、（3+97）。

(2) 硫酸　（1+4）。

(3) 无水碳酸钠（Na_2CO_3）　将无水碳酸钠用玛瑙研钵研细至粉末。

(4) 焦硫酸钾（$K_2S_2O_7$）　将市售焦硫酸钾在瓷蒸发皿中加热熔化，待气泡停止发生后，冷却，砸碎，贮于磨口瓶中。

(5) 氯化铵　固体。

(6) 氢氟酸。

三、操作步骤

称取约0.5g试样，精确至0.0001g，置于铂坩埚中，在950～1000℃下灼烧5min，冷却。用玻璃棒仔细压碎块状物，加入0.3g无水碳酸钠，混匀，再将坩埚置于950～1000℃下灼烧10min，放冷。

将烧结块移入瓷蒸发皿中，加少量水润湿，用平头玻璃棒压碎块状物，盖上表面皿，从皿口滴入5mL盐酸及2～3滴硝酸，待反应停止后取下表面皿，用平头玻璃棒压碎块状物使分解完全，用热盐酸（1+1）清洗坩埚数次，洗液合并于蒸发皿中。将蒸发皿置于沸水浴上，蒸发皿上放一玻璃三角架，再盖上表面皿。蒸发至糊状后，加入1g氯化铵，充分搅匀，在蒸汽水浴上蒸发至干后继续蒸发10～15min。蒸发期间用平头玻璃棒仔细搅拌并压碎大颗粒。

取下蒸发皿，加入10～20mL热盐酸（3+97），搅拌使可溶性盐类溶解。用中速滤纸过滤，用热盐酸（3+97）擦洗玻璃棒及蒸发皿，并洗涤沉淀3～4次。然后用热水充分洗涤沉淀，直至检验无氯离子为止。滤液及洗液保存在250mL容量瓶中。

在沉淀上加3滴硫酸（1+4），然后将沉淀连同滤纸一并移入铂坩埚中，烘干并灰化后放入950～1000℃的马弗炉内灼烧1h。取出坩埚，置于干燥器中，冷却至室温，称量，反复灼烧，直至恒量（m_1）。

向坩埚中加数滴水润湿沉淀，加3滴硫酸（1+4）和10mL氢氟酸，放入通风橱内电热板上缓慢蒸发至干，升高温度继续加热至三氧化硫白烟完全逸尽。将坩埚放入950～1000℃的马弗炉内灼烧30min。取出坩埚，置于干燥器中，冷却至室温，称量，反复灼烧，直至恒量（m_2）。

1. 经氢氟酸处理后的残渣的分解

向经过氢氟酸处理后得到的残渣中加入0.5g焦硫酸钾，在喷灯上熔融，熔块用热水和数滴盐酸（1+1）溶解，溶液合并入分离二氧化硅后得到的滤液和洗液中。用水稀释至标线，摇匀。此溶液可供测定滤液中残留的可溶性二氧化硅、三氧化二铁、三氧化二铝、氧化钙、氧化镁、二氧化钛和五氧化二磷用。

2. 可溶性二氧化硅的测定——硅钼蓝分光光度法

从上述溶液中吸取25mL溶液放入100mL容量瓶中，加水稀释至40mL。依次加入5mL盐酸（1+1）、8mL乙醇、6mL钼酸铵溶液，摇匀。放置30min后，加入20mL盐酸（1+1）、5mL抗坏血酸溶液，用水稀释至标线，摇匀。放置60min后，用分光光度计，10mm比色皿，以水作参比，于波长660mL处测定溶液的吸光度，在工作曲线上查出二氧化硅的含量（m_3）。

四、数据处理

1. 胶凝性二氧化硅质量分数的计算

$$w(\mathrm{SiO_2}) = \frac{m_1 - m_2}{m} \times 100\%$$

式中　$w(\mathrm{SiO_2})$——凝胶性二氧化硅的质量分数，%；

m_1——灼烧后未经氢氟酸处理的沉淀及坩埚的质量，g；

m_2——用氢氟酸处理并经灼烧后的残渣及坩埚的质量，g；

m——试样的质量，g。

2. 可溶性二氧化硅质量分数的计算

$$w(\mathrm{SiO_2}) = \frac{m_3 \times 250}{m \times 25 \times 1000} \times 100\%$$

式中　$w(\mathrm{SiO_2})$——可溶性二氧化硅的质量，%；

m_3——测定的 100mL 溶液中二氧化硅的含量，mg；

m——试样的质量，g。

3. 总二氧化硅质量分数计算

$$w_{总\mathrm{SiO_2}} = w_{胶凝\mathrm{SiO_2}} + w_{可溶\mathrm{SiO_2}}$$

式中：$w_{总\mathrm{SiO_2}}$——总二氧化硅的质量分数，%；

$w_{胶凝\mathrm{SiO_2}}$——凝胶性二氧化硅的质量分数，%；

$w_{可溶\mathrm{SiO_2}}$——可溶性二氧化硅的质量分数，%。

💡 方法讨论

1. 加入氯化铵的作用

加入氯化铵可起到加速脱水的作用。因为，在酸性溶液中硅酸质点是亲水性很强的带负电荷的胶体，而氯化铵电离出 NH_4^+，可将硅酸胶体外围所带的负电荷中和，从而加快硅酸胶体的凝聚。同时，氯化铵在溶液中发生水解，受热时氨水挥发，也夺取了硅酸胶体中的水分，加速了脱水过程。由于大量 NH_4^+ 的存在，还减少了硅酸胶体对其他阳离子的吸附，而硅酸胶粒吸附的 NH_4^+ 在加热时即可除去，从而获得比较纯净的硅酸沉淀。

2. 试样的处理

以碳酸钠烧结法分解试样，应预先将固体碳酸钠用玛瑙研钵研细。碳酸钠加入量要相对准确，用分析天平称量 0.30g 左右。加入量不足，试料烧结不完全，测定结果不稳定；加入量过多，烧结块不易脱坩。加入碳酸钠后，用细玻璃棒仔细混匀，否则试料烧结不完全。

用盐酸浸出烧结块时，应控制溶液体积，溶液太多，蒸干耗时太长。通常加 5mL 浓盐酸溶解烧结块，再以约 5mL 盐酸（1+1）和少量的水洗净坩埚。

3. 脱水的温度与时间

脱水的温度不要超过 110℃。温度过高，某些氯化物（$MgCl_2$、$AlCl_3$ 等）将变成碱式盐，甚至与硅酸结合成难溶的硅酸盐，用盐酸洗涤时不易除去，硅酸沉淀夹带较多的杂质，结果偏高。反之若脱水温度不够，则可溶性硅酸不能完全转变成不溶性硅酸，过滤时会透过滤纸，使二氧化硅结果偏低，且过滤速度很慢。

为加速脱水，氯化铵不要在一开始就加入，否则由于大量氯化铵的存在，使溶液的沸点升高，水的蒸发速度反而降低。应蒸至糊状后再加氯化铵，继续蒸发至干。黏土试样要多蒸发一些时间，直至蒸发到干粉状。

为保证硅酸充分脱水，又不致温度过高，应采用水浴加热。

4. 沉淀的洗涤

为防止钛、铝、铁水解产生氢氧化物沉淀及硅酸形成胶体漏失，首先应以温热的稀盐酸

（3+97）将沉淀中夹杂的可溶性盐类溶解，用中速滤纸过滤以热稀盐酸溶液（3+97）洗涤沉淀3～4次，再以热水充分洗涤沉淀，直到无氯离子为止。一般洗液体积不超过120mL，否则漏失的可溶性硅酸会明显增加。

洗涤的速度要快（应使用带槽长颈漏斗，且在颈中形成水柱），防止因温度降低而使硅酸形成胶冻，以致过滤困难。

5. 沉淀的灼烧

试验证明，只要在950～1000℃充分灼烧（约1.5h），在干燥器中冷却至与室温一致，灼烧温度对结果的影响并不显著。

灼烧前滤纸一定要缓慢灰化完全。坩埚盖要半开，不要产生火焰，以防造成二氧化硅沉淀的损失；同时，也不能有残余的碳存在，以免高温灼烧时发生下述反应而使结果产生负误差。

$$SiO_2 + 3C \rightleftharpoons SiC + 2CO$$

6. 氢氟酸的处理

即使严格掌握烧结、脱水、洗涤等步骤的实验条件，在二氧化硅沉淀中吸附的铁、铝等杂质的量也能达到0.1%～0.2%，如果在脱水阶段蒸发得过干，吸附量还会增加。消除此吸附现象的最好办法就是将灼烧过的不纯二氧化硅沉淀用氢氟酸加硫酸处理。

任务 4 ⇨　三氧化二铁的测定——EDTA 滴定法（基准法）

铁在硅酸盐矿物中呈现二价或三价状态。在许多情况下既需要测定试样中铁的总含量，又需要分别测定二价和三价铁的含量。测定氧化铁的方法很多，目前常用的是EDTA配位滴定法、重铬酸钾氧化还原滴定法和原子吸收分光光度法，如样品中铁含量很低时，可采用磺基水杨酸、邻菲啰啉等光度法。

在酸性介质中，Fe^{3+}与EDTA能形成稳定的配合物。控制pH=1.8～2.5，以磺基水杨酸为指示剂，用EDTA标准滴定溶液直接滴定溶液中的三价铁。由于在该酸度下Fe^{2+}不能与EDTA形成稳定的配合物而不能被滴定，所以测定总铁时，应先将溶液中的Fe^{2+}氧化成Fe^{3+}。

EDTA滴定法测定铁时的主要干扰是：凡是$lgK_{M-EDTA} > 18$的金属离子，依据滴定介质的pH的变化都会或多或少地产生正误差。钛产生定量的正干扰。钛、锆因其强烈水解而不与EDTA反应；当存在H_2O_2时，钛与H_2O_2和EDTA可形成稳定的三元配合物而产生干扰。氟离子的干扰情况与溶液中的铝含量有关，当试样中含有毫克量的铝时，约10mg氟不干扰。PO_4^{3-}的干扰与操作方法有关，滴定前若调节试液的pH大于4，则所形成的磷酸铁很难在pH=1.8～2.5的介质中复溶，因此，当试样中的含磷量较高时，铁的测定结果将偏低；若调节试液的pH小于3，则高品位磷矿所含的PO_4^{3-}也不会影响铁的测定。

EDTA滴定法滴定铁之后的溶液还可以进一步用返滴定法测定铝和钛，以实现铁、铝、钛的连续测定。通常是在测铁后的试液中加入过量的EDTA，使之与铝、钛生成稳定的配合物，然后调节pH=5.7，以二甲酚橙为指示剂，用醋酸锌标准溶液滴定过量的EDTA。再分别以苦杏仁酸及氟化钾释放TiY及AlY⁻中的EDTA，以醋酸锌标准滴定溶液滴定释放出的EDTA，从而计算钛、铝的含量。

技能操作 ·······

一、原理介绍

在 pH＝1.8～2.0、温度为 60～70℃ 的溶液中，以磺基水杨酸为指示剂，用 EDTA 标准滴定溶液直接滴定溶液中的铁离子。此法适于 Fe_2O_3 含量小于 10％ 的试样。

用 EDTA 直接滴定 Fe^{3+}，一般以磺基水杨酸或其钠盐作指示剂。在溶液 pH 为 1.8～2.5 时，磺基水杨酸钠能与 Fe^{3+} 生成紫红色配合物，能被 EDTA 所取代。反应过程如下：

$$Fe^{3+} + Sal^{2-} \Longrightarrow FeSal^+$$

（紫红色）

$$Fe^{3+} + H_2Y^{2-} \Longrightarrow FeY^- + 2H^+$$

（黄色）

$$FeSal^+ + H_2Y^{2-} \Longrightarrow FeY^- + Sal^{2-} + 2H^+$$

（黄色）（无色）

因此，终点时溶液颜色由紫红色变为亮黄色。试样中铁含量越高，则黄色越深；铁含量低时为浅黄色，甚至近于无色。若溶液中含有大量 Cl^- 时，FeY^- 与 Cl^- 生成黄色更深的配合物，所以，在盐酸介质中滴定比在硝酸介质中滴定位，可以得到更明显的终点。

二、试剂

(1) 氨水溶液 （1＋1）。

(2) 盐酸溶液 （1＋1）。

(3) 氢氧化钾溶液 200g/L，称取 200g 氢氧化钾溶于水中，加水稀释至 1L。贮于塑料瓶中。

(4) 磺基水杨酸钠指示剂溶液 100g/L，将 10g 磺基水杨酸钠溶于水中，加水稀释至 100mL。

(5) CMP 混合指示液 称取 1.000g 钙黄绿素、1.000g 甲基百里香酚蓝、0.200g 酚酞与 50g 已在 105℃ 烘干过的硝酸钾混合，研细，保存在磨口瓶中。

(6) 碳酸钙标准溶液 $c(CaCO_3)＝0.024mol/L$，称取 0.6g（精确至 0.0001g）已于 105～110℃ 烘过 2h 的碳酸钙，置于 400mL 烧杯中，加入约 100mL 水，盖上表面皿，沿杯口滴加盐酸 (1＋1) 至碳酸钙全部溶解，加热煮沸数分钟。将溶液冷至室温，移入 250mL 容量瓶中，用水稀释至标线，摇匀。

(7) EDTA 标准滴定溶液 $c(EDTA)＝0.015mol/L$，称取约 5.6g EDTA（乙二胺四乙酸二钠盐）置于烧杯中，加约 200mL 水，加热溶解，过滤，用水稀释至 1L。

标定：吸取 25.00mL 碳酸钙标准溶液（0.024mol/L）于 400mL 烧杯中，加水稀释至约 200mL，加入适量的 CMP 混合指示液，在搅拌下加入氢氧化钾溶液（200g/L）至出现绿色荧光后再过量 2～3mL，以 EDTA 标准滴定溶液滴定至绿色荧光消失并呈现红色即为终点。

EDTA 标准滴定溶液的浓度按下式计算：

$$c(EDTA) = \frac{m \times 25\text{mL} \times 1000}{250\text{mL} \times V \times M(CaCO_3)}$$

式中 $c(EDTA)$ ——EDTA 标准滴定溶液的浓度，mol/L；

V——滴定时消耗 EDTA 标准滴定溶液的体积，mL；

m——配制碳酸钙标准溶液的碳酸钙的质量，g；

M(CaCO$_3$)——CaCO$_3$ 的摩尔质量，100.09g/mol。

三、操作步骤

吸取上述碱熔制备的系统溶液 25.00mL 放入 300mL 烧杯中，加水稀释至约 100mL，用氨水（1+1）和盐酸（1+1）调节溶液 pH 在 1.8～2.0 之间（用精密 pH 试纸检验）。将溶液加热至 70℃，加 8 滴磺基水杨酸钠指示剂溶液（100g/L），用 $[c(\text{EDTA})=0.015\text{mol/L}]$ EDTA 标准滴定溶液缓慢地滴定至亮黄色（终点时溶液温度应不低于 60℃，如果终点前溶液温度降至近 60℃ 时，应再加热至 65～70℃）。保留此溶液供测定三氧化二铝用。

四、结果计算

三氧化二铁的质量分数 $w(\text{Fe}_2\text{O}_3)$ 按下式计算：

$$w(\text{Fe}_2\text{O}_3)=\frac{T_{\text{Fe}_2\text{O}_3}V}{m\times\dfrac{25\text{mL}}{250\text{mL}}\times1000}\times100\%$$

式中　$T_{\text{Fe}_2\text{O}_3}$——每毫升 EDTA 标准滴定溶液相当于 Fe$_2O_3$ 的质量，mg/mL；

V——滴定时消耗 EDTA 标准滴定溶液的体积，mL；

m——试料的质量，g；

$w(\text{Fe}_2\text{O}_3)$——三氧化二铁的质量分数，%。

💡 **方法讨论**

（1）正确控制溶液的 pH 是本法的关键。如果 pH<1，EDTA 不能与 Fe^{3+} 定量配位；同时，磺基水杨酸钠与 Fe^{3+} 生成的配合物也很不稳定，致使滴定终点提前，滴定结果偏低。如果 pH>2.5，Fe^{3+} 易水解，使 Fe^{3+} 与 EDTA 的配位能力减弱甚至完全消失。同时，Al^{3+} 的干扰增强，当有 Al^{3+} 共存时，溶液的最佳 pH 范围为 1.8～2.0（室温下），滴定终点的变色最明显。

调整溶液的 pH 可用磺基水杨酸钠作为 pH 的指示剂。因为它与 Fe^{3+} 生成配合物的颜色与溶液的 pH 有关，pH<2.5 时为紫红色，pH=4～8 时为橘红色。在调整溶液 pH 时，加 1 滴磺基水杨酸钠指示剂，先以氨水（1+1）调至溶液呈现橘红色；再用盐酸（1+1）调至溶液刚刚变成紫红色，继续滴加 8～9 滴，此时溶液 pH 近似为 2。但应特别注意，切勿使氨水过量太多，以免造成 Fe^{3+}、Al^{3+} 的水解。

（2）温度的控制。在 pH=1.8～2.0 时，Fe^{3+} 与 EDTA 的配位反应速率较慢，因部分 Fe^{3+} 水解生成羟基配合物，需要离解时间；同时，EDTA 也必须从 H$_4$Y、H$_3$Y$^-$ 等主要形式离解成 Y^{4-} 后，才能同 Fe^{3+} 配位。所以需将溶液加热，但也不是越高越好，因为溶液中共存的 Al^{3+} 在温度过高时亦同 EDTA 配位，而使 Fe$_2$O$_3$ 的结果偏高，Al$_2$O$_3$ 的结果偏低。一般在滴定时，溶液的起始温度以 70℃ 为宜，高铝类样品不要超过 70℃。在滴定结束时，溶液的温度不宜低于 60℃。

（3）试验溶液的体积以 80～100mL 为宜。体积过大，滴定终点不敏锐；体积过小，溶液中 Al^{3+} 浓度相对增高，干扰增强，同时溶液的温度下降较快，对滴定不利。

（4）滴定近终点时，要加强搅拌，缓慢滴定，直至无残余红色为止。

（5）由于在 pH 为 1.8～2.0 时，Fe^{2+} 不能与 EDTA 定量配位而使铁的测定结果偏低。所以在测定总铁时，应先将溶液中的 Fe^{2+} 氧化成 Fe^{3+}。在用氢氧化钠熔融试样且制成溶液时，一定要加入少量浓硝酸。

（6）如果在测定溶液中的铁后还要继续测定 Al_2O_3 的含量，磺基水杨酸钠指示液的用量不宜多，以防它与 Al^{3+} 配位反应而使 Al_2O_3 的测定结果偏低。

> 💡 **知识补充** ···

测定矿物中铁含量的方法

一、原子吸收分光光度法测定三氧化二铁

1. 方法综述

原子吸收分光光度法测定铁，具有操作简单、快速、干扰少、准确等优点。

原子吸收分光光度法测定铁一般选用盐酸或过氯酸介质，并控制其浓度在 10% 以下。若浓度过大（选用磷酸或硫酸介质，其浓度大于 3% 时），将引起铁的测定结果偏低。

仪器测定条件：由于铁是高熔点、低溅射的金属，应选用较高的灯电流，使铁空心阴极灯具有适当的发射强度。但是，铁又是多谱线元素，在吸收线附近存在单色器不能分离的邻近线，使测定的灵敏度降低，工作曲线发生弯曲。因此宜采用较小的光谱通带。同时，因铁的化合物较稳定，在低温火焰中原子化效率低，需要采用温度较高的空气-乙炔、空气-氢气富燃火焰，以提高测定的灵敏度。选用 248.3nm、344.1nm、372.0nm 锐线，以空气-乙炔激发，铁的灵敏度分别为 $0.08\mu g$、$5.0\mu g$、$1.0\mu g$。若采用笑气-乙炔火焰激发的灵敏度则比空气-乙炔火焰高 2～3 倍。

2. 方法原理

试样经氢氟酸和高氯酸分解后，分取一定量的溶液，以锶盐消除硅、铝、钛等对铁的干扰。在空气-乙炔火焰中，于波长 248.3nm 处测定吸光度。

二、氯化亚锡还原-重铬酸钾滴定法

1. 方法综述

重铬酸钾滴定法是测定硅酸盐岩石矿物中铁含量的经典方法，具有简便、快速、准确和稳定等优点，在实际工作中应用较广。在测定试样中的全铁、高价铁时，首先要将制备溶液中的高价铁还原为低价铁，然后再用重铬酸钾标准溶液滴定。根据所用还原剂的不同，有不同的测定体系，其中常用的是 $SnCl_2$ 还原-重铬酸钾滴定法（又称汞盐重铬酸钾法）、$TiCl_3$ 还原-重铬酸钾滴定法、硼氢化钾还原-重铬酸钾滴定法等。

2. 方法原理

在热盐酸介质中，以 $SnCl_2$ 为还原剂，将溶液中的 Fe^{3+} 还原为 Fe^{2+} $[\varphi^{\ominus}(Fe^{3+}/Fe^{2+})=0.77V$，$\varphi^{\ominus}(Sn^{4+}/Sn^{2+})=0.15V]$，过量的 $SnCl_2$ 用 $HgCl_2$ 除去 $[\varphi^{\ominus}(Hg^{2+}/Hg_2^{2+})=0.63V]$，在硫-磷混合酸的存在下，以二苯胺磺酸钠为指示剂，用 $K_2Cr_2O_7$ 标准溶液滴定 Fe^{2+}，直到溶液呈现稳定的紫色为终点 $[\varphi^{\ominus}(Cr_2O_7{}^{2-}/Cr^{3+})=1.36V$，$\varphi^{\ominus}(Fe^{3+}/Fe^{2+})=0.85V]$。

任务 5 ⇨ 三氧化二铝的测定——直接滴定法（基准法）

直接滴定法的基本原理是：在 pH＝3 左右的制备溶液中，以 Cu-PAN 为指示剂，在加

热的条件下用 EDTA 标准溶液滴定。

滴定剂除 EDTA 外，还常采用 CYDTA。由于 Al-CYDTA 的稳定常数很大，而且 CYDTA 与铝的配位反应速率比 EDTA 快，在室温和有大量钠盐的存在下，CYDTA 能与铝定量反应，并且能允许试液中含有较高量的铬和硅。

无论采用何种滴定方式，酸度是影响 EDTA 与 Al^{3+} 进行配位反应的主要因素。在含有铝的溶液中加入 EDTA 后，溶液中存在如下平衡关系：

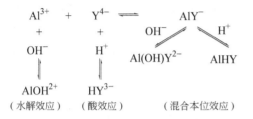

（水解效应）　　　（酸效应）　　　（混合本位效应）

显然，铝与 EDTA 的配位反应将同时受酸效应和水解效应的影响，并且这两种效应的影响结果是相反的。因此，必须控制好适宜的酸度。按理论计算，在 pH＝3～4 时形成配位离子的百分率最高。但是，返滴定法中，在适量的 EDTA 存在下，溶液的 pH 可大至 4.5，甚至 6。然而，酸度如果太低，Al^{3+} 将水解而生成动力学上惰性的铝的多核羟基配合物，从而妨碍铝的测定。为此，可采用如下方法解决。

（1）在 pH＝3 左右，加入过量 EDTA，加热促使 Al^{3+} 与 EDTA 的配位反应进行完全。加热的时间取决于溶液的 pH、其他盐类的含量、配位剂的过量情况和溶液的来源等。

（2）在酸性较强的溶液中（pH＝0～1）加入 EDTA，然后用六亚甲基四胺或缓冲溶液等弱碱性溶液来调节试液的 pH 为 4～5，而不用氨水、NaOH 等强碱性溶液。

（3）在酸性溶液中加入酒石酸，使其与 Al^{3+} 形成配合物，既可阻止羟基配合物的生成，又不影响 Al^{3+} 与 EDTA 的配位反应。

✍ 技能操作

一、原理介绍

在滴定铁后的溶液中，加入对铝、钛过量的 EDTA 标准滴定溶液，于 pH 为 3.8～4.0 以 PAN 为指示剂，用硫酸铜标准滴定溶液回滴过量的 EDTA，扣除钛的含量后即为氧化铝的含量。适用于氧化铝含量在 0.5％以下的试样。

在进行试样分析时，一般分取同一份试样溶液连续测定铁、铝（钛）。由于铁、铝与 EDTA 配合物的稳定常数相差较大，可通过控制酸度的方法对铁、铝（钛）进行分步滴定。

在 pH＝2～3 的溶液中，加入过量 EDTA，发生下列反应：

$$Al^{3+} + H_2Y^{2-} \Longrightarrow AlY^- + 2H^+$$

$$TiO^{2+} + H_2Y^{2-} \Longrightarrow TiOY^{2-} + 2H^+$$

将溶液 pH 调至约 4.3 时，剩余的 EDTA 用 $CuSO_4$ 标准滴定溶液返滴定。

$$Cu^{2+} + H_2Y^{2-}（剩余）\Longrightarrow CuY^{2-} + 2H^+$$

（蓝色）

$$Cu^{2+} + PAN \Longrightarrow Cu\text{-}PAN$$

（黄色）　　　　（红色）

当第一次滴定到指示剂呈稳定的黄色时，约有 90% 以上的 Al^{3+} 被滴定。为继续滴定剩余的 Al^{3+}，须再将溶液煮沸，于是溶液又由黄变红。当第二次以 EDTA 滴定至呈稳定的黄色后，被配位的 Al^{3+} 总量可达 99% 左右。因此，对于普通硅酸盐样品分析，滴定 2～3 次所得结果的准确度已能满足生产要求。

二、试剂

(1) EDTA 标准滴定溶液 $[c(EDTA)=0.015mol/L]$ 和 PAN 指示剂溶液　配制、标定方法同直接法中 Fe_2O_3 的测定。

(2) 缓冲溶液(pH=4.3)　将 42.3g 无水乙酸钠（CH_3COONa）溶于水中，加 80mL 冰醋酸（CH_3COOH），用水稀释至 1L，摇匀。

(3) 氨水溶液　（1+2）。

(4) 硫酸铜标准滴定溶液　$c(CuSO_4)=0.015mol/L$，将 3.7g 硫酸铜（$CuSO_4 \cdot 5H_2O$）溶于水中，加 4～5 滴硫酸（1+1），用水稀释至 1L，摇匀。

EDTA 标准滴定溶液与硫酸铜标准滴定溶液体积比的标定：从滴定管缓慢放出 10～15mLEDTA 标准滴定溶液 $[c(EDTA)=0.015mol/L]$ 于 400mL 烧杯中，用水稀释至约 150mL，加 15mL pH=4.3 的缓冲溶液，加热至沸，取下稍冷，加 5～6 滴 PAN 指示液，以硫酸铜标准滴定溶液滴定至亮紫色。

EDTA 标准滴定溶液与硫酸铜标准滴定溶液体积比按下式计算：

$$K = \frac{V_1}{V_2}$$

式中　K——每毫升硫酸铜标准滴定溶液相当于 EDTA 标准滴定溶液的体积；

　　　V_1——EDTA 标准滴定溶液的体积，mL；

　　　V_2——滴定时消耗硫酸铜标准滴定溶液的体积，mL。

三、操作步骤

将测定完铁的溶液用水稀释至约 200mL，加 1～2 溴酚蓝指示液溶液（2g/L），滴加氨水（1+2）至溶液出现蓝紫色，再滴加盐酸（1+2）至黄色，加入 15mLpH=4.3 的缓冲溶液，加热至微沸并保持 1min，加入 10 滴 EDTA-铜溶液及 2～3 滴 PAN 指示剂溶液（2g/L），用 EDTA 标准滴定溶液（$c=0.01mol/L$）滴定至红色消失，继续煮沸，滴定，直至溶液经煮沸后红色不再出现并呈稳定的亮黄色为止。

四、结果计算

$$w(Al_2O_3) = \frac{T_{Al_2O_3} V}{m \times \dfrac{25mL}{250mL} \times 1000} \times 100\%$$

式中　$w(Al_2O_3)$——三氧化二铝的质量分数，%；

　　　$T_{Al_2O_3}$——EDTA 标准溶液对三氧化二铝的滴定度，mg/mL；

　　　V——滴定时消耗 EDTA 标准溶液的体积，mL；

　　　m——试样的质量，g。

方法讨论

（1）铜盐返滴定法选择性差，主要是铁、钛的干扰，故不适于复杂的硅酸盐分析。溶液中的 TiO^{2+} 可完全与 EDTA 配位，所测定的结果为 Al、Ti 合量。应采用以下方法扣除 TiO_2 的含量：①在返滴定完铝＋钛之后，加入苦杏仁酸（学名 β-羟基乙酸）溶液，使其夺取 $TiOY^{2-}$ 中的 TiO^{2+}，而置换出等物质的量的 EDTA，再用 $CuSO_4$ 标准滴定溶液返滴定，即可测得钛含量；②另行测定钛含量；③加入钽试剂、磷酸盐、乳酸或酒石酸等试剂掩蔽钛。

（2）在用 EDTA 滴定完 Fe^{3+} 的溶液中加入过量的 EDTA 之后，应将溶液加热到 $70\sim80℃$ 再调整 $pH=3.0\sim3.5$ 后，才加入 $pH=4.3$ 的缓冲溶液。这样可以使溶液中的少量 TiO^{2+} 和 Al^{3+} 与 EDTA 配位完全，并防止其水解。

（3）EDTA（0.015mol/L）的加入量一般控制在与 Al＋Ti 配位后，剩余 $10\sim15mL$，可通过预返滴定或将其余主要成分测定后估算。控制 EDTA 过剩量的目的是：①使 Al、Ti 与 EDTA 配位反应完全；②滴定终点的颜色与过剩 EDTA 的量和所加 PAN 指示剂的量有关。正常终点的颜色应是符合规定操作浓度比的蓝色的 CuY^{2-} 和红色的 Cu-PAN，即亮紫色。若 EDTA 剩余太多，则 CuY^{2-} 浓度高，终点可能成为蓝紫色甚至蓝色；若 EDTA 剩余太少，则 Cu-PAN 配合物的红色占优势，终点可能为红色。因此，应控制终点颜色的一致，以免使滴定终点难以掌握。

（4）锰的干扰。Mn^{2+} 与 EDTA 定量配位的最低 pH 为 5.2，对配位滴定 Al^{3+} 的干扰程度随溶液的 pH 和 Mn^{2+} 浓度的增高而增强。在 $pH=4$ 左右，溶液中共存的 Mn^{2+} 约有一半能与 EDTA 配位。如果 MnO 含量低于 0.5mg，其影响可以忽略不计，若达到 1mg 以上，不仅使 Al_2O_3 的测定结果明显偏高，而且使滴定终点拖长。一般对于 MnO 含量高于 0.5% 的试样，采用直接滴定法或氟化铵置换-EDTA 配位滴定法测定。

（5）氟的干扰。F^- 能与 Al^{3+} 逐级形成 AlF^{2+}、AlF_2^{2+}、$\cdots$、AlF_6^{3-} 等稳定的配合物，干扰 Al^{3+} 与 EDTA 的配位。如溶液中 F^- 的含量高于 2mg，Al^{3+} 的测定结果将明显偏低，且终点变化不敏锐。对于氟含量高于 5% 的试样，需采取措施消除氟的干扰。

任务6　二氧化钛的测定——过氧化氢比色法

在酸性条件下，TiO^{2+} 与 H_2O_2 形成黄色的 $[TiO(H_2O_2)]^{2+}$ 配离子，其 $lgK=4.0$，$\lambda_{max}=405nm$，$\varepsilon_{405}=740$。过氧化氢光度法简便快速，但灵敏度和选择性较差。

显色反应可以在硫酸、硝酸、过氯酸或盐酸介质中进行，一般在 $5\%\sim6\%$ 的硫酸溶液中显色。显色反应的速率和配离子的稳定性受温度的影响，通常在 $20\sim25℃$ 显色，3min 可显色完全，稳定时间在 1d 以上。过氧化氢的用量，以控制 50mL 显色体积中，加 3% 过氧化氢 $2\sim3mL$ 为宜。

为了防止铁（Ⅲ）离子黄色所产生的正干扰，需加入一定量的磷酸。但由于 PO_4^{3-} 与钛（Ⅳ）能生成配离子而减弱 $[TiO(H_2O_2)]^{2+}$ 配离子的颜色，因此必须控制磷酸浓度在 2% 左右，并且在标准系列中也加入等量的磷酸，以减少其影响。

铀、钍、钼、钒、铬和铌在酸性溶液中能与过氧化氢生成有色配合物，铜、钴和镍等离子具有颜色，它们含量高时对钛的测定有影响。F^-、PO_4^{3-} 与钛形成配离子而产生负误差。

◆ 技能操作

一、原理介绍

在硫酸介质中，钛与过氧化氢形成过钛酸黄色配合物，其最大吸收峰位于 420nm。加入磷酸，可以掩蔽铁的干扰，加入硫酸消除碱金属盐类的影响。

二、主要试剂

(1) 二氧化钛标准溶液（1mL 相当于 $100\mu g$ TiO_2） 准确称取在 1000℃灼烧过的光谱纯二氧化钛 0.1g，置于铂坩埚中，加焦硫酸钾 1g，在 850℃熔融 20min，取出冷却。将坩埚放入 400mL 烧杯中，以浓硫酸浸取，用稀硫酸将坩埚洗出，加热煮沸至溶液澄清，冷却，溶液移入 100mL 容量瓶中，用水稀释至刻度，摇匀。

(2) 过氧化氢溶液 3%。

三、标准曲线的绘制

吸取相当于 0、$100\mu g$、$200\mu g$、$300\mu g$、…$1000\mu g$ 二氧化钛的标准溶液，分别置于数个 50mL 容量瓶中。加入 1∶1 硫酸 5mL，1∶1 磷酸 2mL，3%过氧化氢 3mL，用水稀释至刻度，摇匀。在分光光度计上，用 3cm 比色杯，以试剂空白溶液作参比液，于 420nm 处测量其吸光度，并绘制标准曲线。

四、操作步骤

吸取分离二氧化硅后的滤液 25mL，置于 100mL 烧杯中．加入 1∶1 硫酸 6mL 及浓硝酸 1mL，放在电热板上加热蒸发至冒白烟约 2min（如有棕色有机质，需补加适量硝酸，继续蒸发至冒三氧化硫白烟 1~2min），取下冷却。用水冲洗杯壁并稀释至 20mL，加热煮沸使可溶性盐类溶解，取下冷却至室温。加入 1∶1 磷酸 2mL，3%过氧化氢溶液 3mL，移入 50mL 容量瓶中，用水稀释至刻度，摇匀。以下按标准曲线条件进行比色。在工作曲线上查出二氧化钛的含量（m_1）。

五、数据处理

二氧化钛的质量分数 [$w(TiO_2)$] 按下式计算：

$$w(TiO_2) = \frac{m_1}{m \times \frac{25mL}{250mL} \times 1000} \times 100\%$$

式中 m_1——100mL 测定溶液二氧化钛的含量，mg；

m——试料的质量，g；

w（TiO_2）——二氧化钛的质量分数，%。

◆ 方法讨论

(1) 比色用的试样溶液可以是氯化铵重量法测定硅后的溶液，也可以用氢氧化钠熔融后的盐酸溶液。但加入显色剂前，需加入 5mL 乙醇，以防止溶液浑浊而影响测定。

（2）大量碱金属硫酸盐（特别是硫酸钾）会降低钛与过氧化氢配合物的颜色强度，可以采取提高溶液中硫酸浓度至 10% ，并在标准中加入同样的盐类，以消除其影响。用 NaOH 或 KOH 沉淀钛，可有效分离钼和钒；用氨水沉淀钛、铁，可使铜、钴、镍分离；试样本身存在一定量铝（或加入），与 F^- 形成稳定的 AlF_6^{3-}，可消除 F^- 干扰。

任务7 ▷ 氧化钙、氧化镁的测定——EDTA 容量法

钙和镁在硅酸盐试样中常常一起出现，常需同时测定。在经典分析系统中是将它们分离后，再分别以称量法或滴定法测定；而在快速分析系统中，则常常在一份溶液中控制不同条件分别测定。钙和镁的光度分析方法也很多，并有不少高灵敏度的分析方法，例如，Ca^{2+} 与偶氮胂 M 及各种偶氮羧试剂的显色反应，一般都很灵敏，$\varepsilon > 1 \times 10^5$；$Mg^{2+}$ 与铬天青 S、苯基荧光酮类试剂的显色反应，在表面活性剂的存在下，生成多元配合物，$\varepsilon > 1 \times 10^5$。由于硅酸盐试样中 Ca、Mg 含量较高，普遍采用配位滴定法和原子吸收分光光度法。

⚡ 技能操作

一、原理介绍

测定钙：在 pH>13 的强碱性溶液中，以三乙醇胺（TEA）为掩蔽剂，用钙黄绿素-甲基百里香酚蓝-酚酞（CMP）混合指示剂，用 EDTA 标准滴定溶液滴定。至绿色荧光消失并呈现红色为终点。

EDTA 配位滴定法测 Ca^{2+} 的主要反应如下

$$pH > 12.5 \qquad Ca^{2+} + CMP \Longrightarrow Ca\text{-}CMP$$
$$\qquad\qquad\qquad\qquad\text{（红色）}\qquad\text{（绿色荧光）}$$

化学计量点时：

$$Ca\text{-}CMP \quad + \quad H_2Y^{2-} \Longrightarrow CaY^{2-} + CMP + 2H^+$$
$$\text{（绿色荧光）}\qquad\qquad\qquad\qquad\text{（红色）}$$

测定镁：分取经氢氟酸处理一定量的溶液，用锶盐消除硅、铝、钛等对镁的干扰，在空气-乙炔火焰中，于波长 285.2nm 处测定溶液的吸光度。

二、试剂

（1）六亚甲基四胺。

（2）铜试剂溶液 2%。

（3）氯化铵-氢氧化铵缓冲液（pH=10） 称取 67.5g 氯化铵溶于 200mL 水中，加入氨水 570mL，用水稀释至 1000mL。

（4）钙黄绿素-甲基百里香酚蓝-酚酞混合指示液（简称 CMP 混合指示液）：称取钙黄绿素 1.000g、甲基百里香酚蓝 1.000g、酚酞 0.200g 与已在 105℃烘干过的硝酸钾 50g 混合，研细，保存在磨口瓶中。

（5）标准钙溶液（1mL 相当于 1mgCaO） 称取高纯碳酸钙 1.7848g，熔于 10mL 1:1 盐酸中，冷却，以水稀释至 1000mL，摇匀。

（6）EDTA 标准溶液 0.005mol/L 或 0.01mol/L。称取乙二胺四乙酸钠 1.86g 或

3.72g，置于 1000mL 烧杯中，加入 300～400mL 水和 4mol/L 氢氧化钠溶液 25mL，加热溶解。然后调节至 pH7～8，冷却，移入 1000mL 容量瓶中，用水稀释至刻度，摇匀，用标准钙溶液标定。

三、操作步骤

吸取分离二氧化硅后滤液 100mL，置于 150mL 烧杯中，加热蒸发至湿盐状，冷却后，加入固体六亚甲基四胺 2～3g，摇匀。加入 2% 铜试剂溶液 10～20mL，再搅拌后，加水并控制体积至约 30mL，使可溶性盐类溶解。将溶液连同沉淀一起移入 100mL 容量瓶中，用水稀释至刻度，摇匀干过滤。

氧化钙的测定：吸取上述溶液 25mL，置于 300mL 烧杯中，用水稀释至 250mL。加入 5mL 三乙醇胺溶液及适量钙黄绿素-甲基百里香酚蓝-酚酞（CMP）混合指示剂，在搅拌下加入 20% 氢氧化钾溶液至出现绿色荧光后再过量 5～8mL，此时溶液酸度在 pH＝13 以上。用 0.02mol/L EDTA 标准溶液滴定至绿色荧光完全消失并呈现红色。

四、数据处理

$$w(CaO) = \frac{T_{CaO}V_1}{m \times \dfrac{25\text{mL}}{250\text{mL}} \times 1000} \times 100\%$$

式中　　$w(CaO)$——氧化钙的质量分数，%；

$\qquad T_{CaO}$——EDTA 标准滴定溶液对氧化钙的滴定度，mg/mL；

$\qquad V_1$——滴定时消耗 EDTA 标准溶液的体积，mL；

$\qquad m$——试样质量，g。

氧化镁的测定：吸取一定量的经氢氟酸处理的试样放入容量瓶中（试样溶液的分取量及容量瓶的容积视氧化镁的含量而定），加入盐酸（1＋1）及氯化锶溶液，使测定溶液中盐酸的体积分数为 6%，锶的浓度为 1mg/mL。用水稀释至标线，摇匀。用原子吸收光谱仪，在空气-乙炔火焰中，用镁空心阴极灯，于 285.2nm 处测定溶液的吸光度，在工作曲线上查氧化镁的浓度（c）。

$$w(MgO) = \frac{cV_1}{mn \times 1000} \times 100\%$$

式中　　$w(MgO)$——氧化镁的质量分数，%；

$\qquad c$——测定溶液中氧化镁的浓度，mg/mL；

$\qquad V_1$——测定溶液的体积，mL；

$\qquad n$——所分取试样溶液与全部试样溶液的体积比；

$\qquad m$——分试样质量，g。

方法讨论

（1）不分离硅的试液中测定钙时，在强碱性溶液中会生成硅酸钙，使钙的测定结果偏低。可将试液调为酸性后，加入一定量的氟化钾溶液，搅拌并放置 2min 以上，生成氟硅酸。

再用氢氧化钾将上述溶液碱化。该反应速率较慢，新释出的硅酸为非聚合状态的硅酸，在 30min 内不会生成硅酸钙沉淀。因此，当碱化后应立即滴定，即可避免硅酸的干扰。

（2）铁、铝、钛的干扰可用三乙醇胺掩蔽。少量锰与三乙醇胺也能生成绿色配合物而被掩蔽，锰量太高则生成的绿色背景太深，影响终点的观察。镁在 pH＞12 时，生成氢氧化镁沉淀而消除。三乙醇胺用量一般为 5mL，但当测定高铁或高锰类试样时应增加至 10mL，并经过充分搅拌，加入后溶液应呈酸性，如变浑浊应立即以盐酸调至酸性并放置几分钟。如试样中含有磷，由于有磷酸钙生成，滴定近终点时应放慢速度并加强搅拌。当磷含量较高时，应采用返滴定法测 Ca^{2+}。

（3）采用 CMP 作指示剂，即使有 1～5mg 银存在，对钙的滴定仍无干扰；共存镁量高时，终点无返色现象，可用于菱镁矿、镁砂等高镁样品中钙的测定；且对 pH 的要求较宽（pH＞12.5）；所以，可用于氢氧化钠-银坩埚熔样的分析系统。但加入 CMP 的量不宜过多，否则终点呈深红色，变化不敏锐。

（4）滴定至近终点时应充分搅拌，使被氢氧化镁沉淀吸附的钙离子能与 EDTA 充分反应。在使用 CMP 指示剂时，不能在光线直接照射下观察终点，应使光线从上向下照射。近终点时应观察整个液层，至烧杯底部绿色荧光消失呈现红色。

（5）当溶液中锰含量在 0.5％以下时对镁的干扰不显著，但超过 0.5％则有明显的干扰，此时可加入 0.5～1g 盐酸羟胺，使锰呈 Mn^{2+}，并与 Mg^{2+}、Ca^{2+} 一起被定量配位滴定，然后再扣除氧化钙、氧化锰的含量，即得氧化镁含量。在测定高锰类样品时，三乙醇胺的量需增至 10mL，并需充分搅拌。

（6）滴定近终点时，一定要充分搅拌并缓慢滴定至由蓝紫色变为纯蓝色。若滴定速度过快，将使结果偏高，因为滴定近终点时，由于加入的 EDTA 夺取镁-酸性铬蓝 K 中的 Mg^{2+}，而使指示剂游离出来，此反应速率较慢。

（7）在测定硅含量较高的试样中 Mg^{2+} 时，也可在酸性溶液中先加入一定量的氟化钾来防止硅酸的干扰，使终点易于观察。不加氟化钾时会在滴定过程中或滴定后的溶液中出现硅酸沉淀，但对结果影响不大。

（8）在测定高铁或高铝类样品时，需加入 100g/L 酒石酸钾钠溶液 2～3mL，三乙醇胺（1＋2）10mL，充分搅拌后滴加氨水（1＋1）至黄色变浅，再用水稀释至 200mL，加入 pH＝10 缓冲溶液后滴定，掩蔽效果较好。

（9）如试样中含有磷，应使用 EDTA 返滴定法测定。

任务 8　五氧化二磷的测定——磷钒钼黄比色法

技能操作

一、原理介绍

在一定的酸性介质中，磷与钼酸铵和抗坏血酸生成蓝色配合物，于波长 730nm 处测定溶液的吸光度。

二、试剂

（1）碳酸钠-硼砂混合熔剂（2＋1）　将 2 份质量的无水碳酸钠与 1 份质量的无水硼砂混

合研细，贮存于密封瓶中。

（2）盐酸 （1+1）、（1+10）。

（3）硫酸 （1+1）。

（4）氢氟酸。

（5）对硝基酚指示剂溶液 0.2%。

（6）氢氧化钠溶液 20%。

（7）钼酸铵溶液 1.5%。

（8）抗坏血酸 0.5%。

（9）磷标准溶液 称取在110℃烘干2h的基准磷酸二氢钾（KH_2PO_4）0.1917g，精确至0.0001g，置于烧杯中，加水溶解。然后移入1000mL容量瓶中，用水稀释至刻度，摇匀。此溶液1mL相当于0.1mg五氧化二磷。

吸取上述溶液50.00mL，置于500mL容量瓶中，用水稀释至刻度，摇匀。此溶液1毫升相当于0.01mg五氧化二磷。

三、操作步骤

称取约0.25g试样，精确至0.0001g，置于铂坩埚中，加入少量水润湿，慢慢加入3mL盐酸、5滴硫酸（1+1）和5mL氢氟酸，放入通风橱内低温电热板上加热，近干时摇动坩埚，以防溅失，蒸发至干，再加入3mL氢氟酸，继续放入通风橱内电热板上蒸发至干。

取下冷却，向经氢氟酸处理后得到的残渣中加入3g碳酸钠-硼砂混合熔剂，在950～1000℃下熔融10min，用坩埚钳夹持坩埚旋转，使熔融物均匀地附于坩埚内壁，冷却后，将坩埚放入已盛有10mL硫酸（1+1）及100mL水并加热至微沸的300mL烧杯中，并继续保持微沸状态，直至熔融物完全溶解，用水洗净坩埚及盖，冷却至室温后，移入250mL容量瓶中，用水稀释至标线，摇匀。

吸取50.00mL上述试样溶液放入200mL烧杯中（试样溶液的分取量视五氧化二磷的含量而定，如分取试样溶液不足50mL，需加水稀释至50mL），加入1滴对硝基酚指示剂溶液，滴加氢氧化钠溶液至黄色，再滴加盐酸（1+1）至无色，加入10mL钼酸铵溶液和2mL抗坏血酸，加热微沸（1.5±0.5）min，冷却至室温后，移入100mL容量瓶中，用盐酸（1+10）洗涤烧杯并用盐酸（1+10）稀释至标线，摇匀。用分光光度计，1cm比色皿，以水作参比，于波长730nm处测定溶液的吸光度。在工作曲线上查出五氧化二磷的含量m_1。

标准曲线的绘制：吸取每毫升含0.01mg五氧化二磷标准溶液0mL、2.00mL、4.00mL、6.00mL、8.00mL、10.00mL、15.00mL、20.00mL、25.00mL分别放入200mL烧杯中，加水稀释至50mL，加入10mL钼酸铵溶液和2mL抗坏血酸，加热微沸（1.5±0.5）min，冷却至室温后，以后同试样操作步骤。以吸光度为纵坐标，五氧化二磷含量为横坐标，绘制工作曲线。

四、结果处理

五氧化二磷的质量分数计算：

$$w(P_2O_5) = \frac{m_1}{m \times \dfrac{50\text{mL}}{250\text{mL}} \times 1000} \times 100\%$$

式中　$\omega(P_2O_5)$ ——五氧化二磷的质量分数，%；

　　　　m_1——100mL 溶液中五氧化二磷的含量，mg；

　　　　m——试样的质量，g。

方法讨论

（1）在测定的过程中硅、砷、锗与磷有类似反应的元素干扰测定，硅的含量较多影响也最大。可采取 NH_4Cl 重量法除去水泥样品中的硅离子。砷、锗在水泥样品中含量极少不予考虑，对于 Fe^{3+}、Al^{3+} 可以用加入 H_2SO_4 提高酸度的方法来消除它对 P_2O_5 的干扰。

（2）试液加热时间如果超过 15min，磷钼蓝配合物就会发生分解，溶液的颜色逐渐变绿，加热时间越长绿色越深，所测结果差异也越大。因而水浴加热时间控制在 10～15min 为宜。

任务 9 ▷ 氧化钾、氧化钠的测定——火焰光度法（基准法）

技能操作

一、原理介绍

试样经氢氟酸-硫酸蒸发处理除去硅，用热水浸取残渣，以氨水和碳酸钠分离铁、铝、钙、镁。滤液中的钾、钠用火焰光度计进行测定。

二、试剂

（1）氢氟酸。

（2）硫酸　1+1。

（3）氨水　1+1。

（4）碳酸钠溶液　10%。

（5）甲基红指示剂　0.2%。

（6）盐酸　1+1。

（7）火焰光度计（可稳定地测定钾在波长 768nm 处和钠在波长 589nm 处的谱线强度）。

三、标准曲线的绘制

称取 1.5829g 已于 105～110℃ 烘 2h 的氯化钾基准试剂及 1.8859g 已于 105～110℃ 烘干 2h 的氯化钠基准试剂，精确至 0.0001g，置于烧杯中，加水溶解后，移入 1000mL 容量瓶中，用水稀释至标线，摇匀。贮存于塑料瓶中。此标准溶液每毫升含 1mg 氧化钾和氧化钠。

吸取每毫升含 1mg 氧化钾和氧化钠标准溶液 0mL、2.00mL、4.00mL、8.00mL、10.00mL 分别放入 500mL 容量瓶中，用水稀释至标线，摇匀。贮存于塑料瓶中，在火焰光度计上按操作规程进行测定。用测得的检流计读数作为相对应的氧化钾和氧化钠含量的函数，绘制工作曲线。

四、操作步骤

称取 0.2g 试样，精确至 0.0001g，置于铂坩埚中，用少许水润湿，加入氢氟酸 5～10mL 和硫酸（1＋1）10 滴，低温加热分解样品，近干时摇动铂皿，以防溅失，待氢氟酸驱尽后逐渐升高温度，继续将三氧化硫白烟驱尽，取下冷却。加入 30～50mL 热水，压碎残渣使其溶解，加 1～2 滴甲基红指示剂溶液，用氨水（1＋1）中和至黄色，再加入 10mL 碳酸钠溶液，搅拌，然后放入通风橱内电热板上加热至沸腾并继续微沸 25min。用快速滤纸过滤，以热水充分洗涤，滤液及洗液收集于 100mL 容量瓶中，冷却至室温。用盐酸（1＋1）中和至溶液呈红色，用水稀释至标线，摇匀。在火焰光度计上按操作规程进行测定。在工作曲线上分别查出氧化钾和氧化钠的含量 m_1 和 m_2。

五、数据处理

氧化钾和氧化钠的质量分数按下式计算：

$$w(\mathrm{K_2O}) = \frac{m_1}{m \times 1000} \times 100\%$$

$$w(\mathrm{Na_2O}) = \frac{m_2}{m \times 1000} \times 100\%$$

式中　$w(\mathrm{K_2O})$——氧化钾的质量分数，%；

　　　$w(\mathrm{Na_2O})$——氧化钠的质量分数，%；

　　　m_1——100mL 测定溶液中氧化钾的质量，mg；

　　　m_2——100mL 测定溶液中的氧化钠的质量，mg；

　　　m——试样质量，g。

六、测定允差

测定允差见表 4-1。

表 4-1　测定结果允差

组分	水平范围	重复性 r	再现性 R
K$_2$O	0.16～7.52	$r=0.0456+0.0374m$	$R=0.0671+0.0522m$
Na$_2$O	0.06～7.27	$r=0.1247+0.4571m$	$R=0.0401+0.0624m$

💡 知识补充 ···

氧化钾、氧化钠含量的测定——离子选择电极法

离子选择电极是近年来发展起来的新型化学分析方法，利用这一方法通过简单的电动势测量即能测定未知溶液的特定离子的浓度。该方法具有简单、准确、快速等特点。

1. 试剂

钠标准液：准确称取基准氯化钠 2.922g（预先在 120℃烘干 2h）于小烧杯中，加水溶解后移入 500mL 容量瓶中，用水稀释至刻度，摇匀，此溶液的钠离子浓度为 0.1000mol/L。

钾标准溶液：准确称取基准氯化钾 3.728g（预先在 120℃烘干 2h）于小烧杯中，加水溶解后移入 500mL 容量瓶中，用水稀释至刻度，摇匀，此溶液的钾离子浓度为 0.1000mol/L。

总离子强度调节缓冲液（简称 TISAB 溶液）：

（1）将 300mL 三乙醇胺溶于少量水中，加入 84mL 盐酸（12mol/L），搅拌，待其清亮后稀释至 1000mL，贮存于塑料瓶中，此 TISAB 缓冲溶液的总离子强度 $\mu=1$mol/L，pH 值约 8.5。

（2）将 152mL 三乙醇胺溶于水，加入 84mL 盐酸（12mol/L）搅拌，待清亮后稀释至 1000mL，贮存于塑料瓶中，此缓冲液 pH 约 7.4，总离子强度 $\mu=1$mol/L。

（3）将 125mL 三乙醇胺溶于水，加入 84mL 盐酸（12mol/L）搅拌，待清亮后稀释至 1000mL，贮存于塑料瓶中，此缓冲液 pH 约 9.5，总离子强度 $\mu=1.0$mol/L。

盐桥：称取约 1g 琼脂于小烧杯中，加入约 50mL $\mu=0.2$mol/L 的 TISAB 溶液，于电炉上加热，溶解后，趁热将其注入内径 $d=5$mm 的 U 形玻璃管中，冷却后即成盐桥。盐桥不用时存放于 $\mu=0.2$mol/L 的 TISAB 溶液中。

标准系列溶液的配制：用 50mL 滴定管分别移取 20mL、25mL、30mL 0.1mol/L Na$^+$ 标准溶液于各 1000mL 容量瓶中，并分别移取 20mL、25mL、30mL 0.005mol/L K$^+$ 标准溶液，按顺序置于上述各容量瓶中，各加 TISAB（1mol/L）200mL，用水稀释至刻度，摇匀，贮于塑料瓶中，此标准系列溶液的 Na$^+$ 浓度分别为 2.0×10^{-3}mol/L、2.5×10^{-3}mol/L、3.0×10^{-2}mol/L，而其 K$^+$ 浓度为 1.0×10^{-4}mol/L、1.25×10^{-4}mol/L、1.5×10^{-4}mol/L，其总离子强度 $\mu=0.2$mol/L，pH 值约为 8.5。

对于其他试样如长石、砂岩等的标准系列按其试样的大致 Na$^+$/K$^+$ 之比进行配制。

2. 仪器和设备

（1）电极电位仪　DD-2 型 1mV/分度；

（2）磁力搅拌器；

（3）Pna 玻璃电极 6801 型；

（4）PK 电极 C-76-01 型；

（5）饱和甘汞电极 232 型或 217 型。

3. 操作步骤

精确称取 0.05～0.30g 试样置于铂金皿中，加少量水润湿，加 5～7mL 氢氟酸和 6 滴硫酸（1∶1），于低温电炉上蒸干后升温驱除三氧化硫。冷却后加少量水并加数滴盐酸（1∶5），于低温电炉上加热溶解皿内残渣，冷却后移入 100mL 容量瓶中，准确加入 20mL TISAB（1mol/L）溶液，用水稀释至刻度，此为 K$^+$、Na$^+$ 待测溶液。

将上述试液和标准系列溶液分别倒入洗净烘干的 500mL 烧杯中，按由稀到浓的顺序，插入 Pna 电极和参比电极 U 形管盐桥，于磁力搅拌器上搅拌 1min，在电极电位仪上读取静止 4min 后的稳定电位值。

取下 Pna 电极，换上 PK 电极，同上按由稀到浓的顺序插入 PK 电极和参比电极 U 形管盐桥，于磁力搅拌器上搅拌 1min，在电极电位仪上读取静止 4min 后的稳定电位值。

在更换测试液时，电极和盐桥端部应用滤纸吸干，再插入下一待测溶液。

4. 标准曲线的绘制与结果计算

在半对数纸上将标准系列的待测离子摩尔浓度标在对数轴上（横坐标），其对应电动势标在等分轴上（纵坐标），将各点连接起来应为一直线，此即标准曲线，然后将测得试液的电动势在此标准曲线上查得未知溶液的 Na^+ 或 K^+ 的浓度。

试样中 K_2O（或 Na_2O）的质量分数按下式计算：

$$w(K_2O, Na_2O) = \frac{cVM}{m \times 1000} \times \frac{1}{2} \times 100\%$$

式中　c——由标准曲线查得的 Na^+ 或 K^+ 浓度，mol/L；

　　　V——试液稀释的最终体积，mL；

　　　M——氧化物的摩尔质量，K_2O 为 $94.20 g/mol$，Na_2O 为 $61.98 g/mol$；

　　　m——试样质量，g。

习题

1. 不溶物测定中试样处理时，为什么既用盐酸又用氢氧化钠？
2. EDTA 配位滴定法测定三氧化二铁的适宜酸度范围是什么？为什么？
3. 基准法测定氧化铝的原理是什么？加入 EDTA-Cu 的作用是什么？

  阅读材料

硅酸盐类水泥的生产工艺

硅酸盐类水泥的生产工艺在水泥生产中具有代表性，是以石灰石和黏土为主要原料，经破碎、配料、磨细制成生料，然后喂入水泥窑中煅烧成熟料，再将熟料加适量石膏（有时还掺加混合材料或外加剂）磨细而成。

水泥生产随生料制备方法不同，可分为干法（包括半干法）与湿法（包括半湿法）两种。

1. 干法生产

将原料同时烘干并粉磨，或先烘干经粉磨成生料粉后喂入干法窑内煅烧成熟料的方法。但也有将生料粉加入适量水制成生料球，送入立波尔窑内煅烧成熟料的方法，称之为半干法，仍属干法生产的一种。

新型干法水泥生产线指采用窑外分解新工艺生产的水泥。其生产以悬浮预热器和窑外分解技术为核心，采用新型原料、燃料均化和节能粉磨技术及装备，全线采用计算机集散控制，实现水泥生产过程自动化和高效、优质、低耗、环保。

新型干法水泥生产技术是 20 世纪 50 年代发展起来，日本德国等发达国家，以悬浮预热和预分解为核心的新型干法水泥熟料生产设备率占 95%，中国第一套悬浮预热和预分解窑 1976 年投产。该技术优点：传热迅速，热效率高，单位容积较湿法水泥产量大，热耗低。

2. 湿法生产

将原料加水粉磨成生料浆后，喂入湿法窑煅烧成熟料的方法。也有将湿法制备的生料浆脱水后，制成生料块入窑煅烧成熟料的方法，称为半湿法，仍属湿法生产的一种。

干法生产的主要优点是热耗低（如带有预热器的干法窑熟料热耗为 $3140\sim3768J/kg$），缺点是生料成分不易均匀，车间扬尘大，电耗较高。湿法生产具有操作简单、生料成分容易控制、产品质量好、料浆输送方便、车间扬尘少等优点，缺点是热耗高（熟料热耗通常为 $5234\sim6490J/kg$）。

水泥的生产，一般可分为生料粉磨、熟料煅烧和水泥粉磨三个工序，整个生产过程可概括为"两磨一烧"。

（1）生料粉磨　水泥工艺流程分干法和湿法两种。干法一般采用闭路操作系统，即原料经磨机磨细后，进入选粉机分选，粗粉回流入磨再进行粉磨的操作，并且多数采用物料在磨机内同时烘干并粉磨的工艺，所用设备有管磨、中卸磨及辊式磨等。湿法通常采用管磨、棒球磨等一次通过磨机不再回流的开路系统，但也有采用带分级机或弧形筛的闭路系统的。

（2）熟料煅烧　煅烧熟料的设备主要有立窑和回转窑两类，立窑适用于生产规模较小的工厂，大、中型厂宜采用回转窑。

① 立窑　窑筒体立置不转动的称为立窑。分普通立窑和机械化立窑。普通立窑是人工加料、人工卸料或机械加料、人工卸料；机械立窑是机械加料和机械卸料。机械立窑是连续操作的，它的产、质量及劳动生产率都比普通立窑高。国外大多数立窑已被回转窑所取代，但在当前中国水泥工业中，立窑仍占有重要地位。根据建材技术政策要求，小型水泥厂应用机械化立窑，逐步取代普通立窑。

② 回转窑　窑筒体卧置（略带斜度，约为 3%），并能作回转运动的称为回转窑。分煅烧生料粉的干法窑和煅烧料浆（含水量通常为 35% 左右）的湿法窑。

a. 干法窑。干法窑又可分为中空式窑、余热锅炉窑、悬浮预热器窑和悬浮分解炉窑。20世纪70年代前后，发展了一种可大幅度提高回转窑产量的煅烧工艺——窑外分解技术。其特点是采用了预分解窑，它以悬浮预热器窑为基础，在预热器与窑之间增设了分解炉。在分解炉中加入占总燃料用量 50%～60% 的燃料，使燃料燃烧过程与生料的预热和碳酸盐分解过程，从窑内传热效率较低的地带移到分解炉中进行，生料在悬浮状态或沸腾状态下与热气流进行热交换，从而提高传热效率，使生料在入窑前的碳酸钙分解率达 80% 以上，达到减轻窑的热负荷，延长窑衬使用寿命和窑的运转周期，在保持窑的发热能力的情况下，大幅度提高产量的目的。

b. 湿法窑。用于湿法生产中的水泥窑称湿法窑，湿法生产是将生料制成含水为 32%～40% 的料浆。由于制备成具有流动性的泥浆，所以各原料之间混合好，生料成分均匀，使烧成的熟料质量高，这是湿法生产的主要优点。

湿法窑可分为湿法长窑和带料浆蒸发机的湿法短窑，长窑使用广泛，短窑已很少采用。为了降低湿法长窑热耗，窑内装设有各种形式的热交换器，如链条、料浆过滤预热器、金属或陶瓷热交换器。

（3）水泥粉磨　水泥熟料的细磨通常采用圈流粉磨工艺（即闭路操作系统）。为了防止生产中的粉尘飞扬，水泥厂均装有收尘设备。电收尘器、袋式收尘器和旋风收尘器等是水泥厂常用的收尘设备。

由于在原料预均化、生料粉的均化输送和收尘等方面采用了新技术和新设备，尤其是窑外分解技术的出现，一种干法生产新工艺随之产生。采用这种新工艺使干法生产的熟料质量不亚于湿法生产，电耗也有所降低，已成为各国水泥工业发展的趋势。

项目二 铁矿石全分析

 背景知识

　　铁矿石中常见元素有铁、硅、铝、硫、磷、钙、镁、锰、钛、铜、铅、锌、钾、钠、砷等。对铁矿石进行分析时，一般只测定全铁、硅、硫、磷。有时为了了解矿石氧化的状态以及确定是否可以磁选，则需要测定亚铁。从冶炼的角度考虑，则要求测定可溶铁（盐酸可溶）和硅酸铁。在铁矿石的组合分析中，还需要增加测定氧化铝、氧化钙、氧化镁、氧化锰及砷、钾和钠。在全分析中，为了考虑对铁矿的综合评价和综合利用，常常还要测定钒、钛、铬、镍、钴、灼烧减量、化合水、吸附水、稀有分散元素，甚至稀土元素等。

　　铁矿石分析方法包括重量法、滴定法、比色法、原子吸收法、等离子体发射光谱法、X射线荧光光谱法等。一般在做铁矿石全分析之前，应对试样进行光谱半定量检查，然后根据具体情况确定分析项目和方法。对于例行的或常见类型的样品，其所含成分已经基本掌握，则这种工作可以不做。一般地说，如果待测组分的含量在常量范围，宜采用重量法或滴定法；如在微量范围，宜采用分光光度法或其他仪器分析法。此外，还应根据其他共存组分的情况来选择。

　　由于现代分析技术的发展，目前不少测定都可由仪器分析完成，但化学方法作为经典的分析方法，在化学分析中仍然占有非常重要的地位。

任务书

铁矿石分析任务书

任务名称	铁矿石分析
任务内容	1. 铁矿石中水分含量的测定 2. 铁矿石中总铁含量的测定 3. 铁矿石中氧化亚铁含量的测定 4. 铁矿石中二氧化硅含量的测定 5. 铁矿石中金属铁含量的测定 6. 铁矿石中硫含量的测定 7. 铁矿石中铜含量的测定 8. 铁矿石中磷含量的测定
工作标准	GB 6730—2006
知识目标	1. 掌握铁矿石试样分解方法的操作原理、技术和要点 2. 掌握铁矿石中二氧化硅、氧化亚铁、金属铁、硫、磷和铜等含量的测定原理和操作技术 3. 掌握国家标准及相关要求
技能目标	1. 通过学习能制定其他方法来测定铁矿石中二氧化硅、氧化铝、三氧化二铁、二氧化钛、氧化钙和氧化镁等的含量 2. 通过学习熟练掌握常用溶剂、熔剂和熔融器皿的选择和使用方法 3. 能够解读国家标准

国家标准

　　参见中华人民共和国国家标准 GB 6730—2006。

任务1 ➡ 矿石中水分含量的测定——重量法

技能操作

一、原理介绍

用两份1000g，粒度小于20mm的试样，于（105±2）℃烘至恒重的方法测定水分含量。

二、仪器和工具

（1）天平　称量2000g，感量0.5g。

（2）烘箱　附温度自动控制器。

（3）盛样盘　铝盘或白铁盘（25cm×25cm×2cm）。

（4）混样板　白铁板或玻璃板（约100cm×100cm）。

（5）混样铲　铝制或白铁板制。

（6）试样筒　白铁制，有盖，可盛试样5kg。

（7）干燥箱　金属板制（25cm×25cm×40cm），内放硅胶防潮，可供2～4盘试样冷却用。

三、操作步骤

将粒度小于20mm的供测水分试样，由试样筒中移至混样板上，用混样铲迅速混匀。称取1000.0g试样两份，分别置于干燥的已称量的盛样盘中，将试样铺平，放入（105±2）℃烘箱中烘2h，取出，趁热称量。然后，再次放入烘箱中，烘30min取出，称量。直至恒量（两次称量之差不大于0.5g）。

四、数据处理

按下式计算水分的质量分数［w（水分）］：

$$w（水分）=\frac{m_1-m_2}{m}\times100\%$$

式中　m_1——试样及盛样盘烘前的质量，g；

　　　m_2——试样及盛样盘烘后的质量，g；

　　　m——试样质量，g。

方法讨论

两份试样测得结果的算术平均值即为分析结果。平均值计算至小数第三位，并按数字修约规定修约至小数第一位。

任务2 ➡ 总铁的测定——三氯化钛还原法

铁是铁矿石中主要元素，采用重铬酸钾滴定法。样品处理方法分酸溶解和碱熔融法。铁的还原方式有氯化亚锡-氯化汞还原和三氯化钛还原，目前使用比较多的是三氯化钛还原重铬酸钾滴定法。

我国国家标准有：GB/T 6730.5—2007《铁矿石　全铁含量的测定　三氯化钛还原法》，GB/T 6730.4—1986《铁矿石化学分析方法　氯化亚锡-氯化汞-重铬酸钾容量法测定全铁量》。国际标准有：ISO 9507—1990《铁矿石　总铁含量的测定——三氯化钛还原法》，ISO 2597-1—1994《铁矿石　总铁含量的测定——氯化亚锡还原后用滴定法》。

⚲ 技能操作 ┈┈┈┈┈┈┈┈┈┈┈┈┈┈┈┈┈┈┈┈┈┈┈┈┈┈┈┈┈┈┈

一、原理介绍

试样用酸分解或碱熔融分解，氯化亚锡将大量铁还原后，加三氯化钛还原少量剩余铁。用稀重铬酸钾溶液氧化或用高氯酸氧化过量的还原剂。以二苯胺磺酸钠作指示剂，重铬酸钾标准溶液滴定。

二、试剂

(1) 盐酸　1＋9、1＋50。

(2) 硫酸　1＋1。

(3) 高氯酸　1＋1。

(4) 过氧化氢　3％。

(5) 高锰酸钾溶液　40g/L。

(6) 重铬酸钾溶液　0.5g/L。

(7) 氢氧化钠溶液　20g/L。

(8) 氯化亚锡（60g/L）　称取 6g 氯化亚锡（$SnCl_2$）溶于 20mL 热盐酸中，加水稀释至 100mL，混匀，加一粒锡粒，贮于棕色瓶中。

(9) 三氯化钛溶液（1＋14）　取 2mL 市售三氯化钛溶液 [15％(m/V)～20％(m/V)]，用盐酸（1＋5）稀释至 30mL。在冰箱中保存。

(10) 硫磷混酸（15＋15＋70）　边搅拌边将 150mL 浓硫酸慢慢注入 700mL 水中，加 150mL 磷酸，混匀。

(11) 硫酸亚铁铵溶液 $c[(NH_4)_2Fe(SO_4)_2 \cdot 6H_2O]＝0.05mol/L$　称取 19.7g 硫酸亚铁铵溶解于硫酸（5＋95）中，稀释至 1000mL，混匀。

(12) 重铬酸钾标准溶液 $c(1/6K_2Cr_2O_7)＝0.05000mol/L$　称取 2.4518g 预先在 150℃烘干 2h，并在干燥器中冷却至室温的重铬酸钾，溶解在适量水中，移入 1000mL 容量瓶中，用水稀释至刻度，混匀。

(13) 二苯胺磺酸钠（$C_6H_5NHC_6H_4SO_3Na$）溶液　2g/L。

三、操作步骤

1. 试样的分解

称取 0.2000g 试样置于 300mL 烧杯中，加 30mL 盐酸，盖上表面皿，缓慢加热分解试样，不能沸腾，以免三氯化铁挥发。用射水冲洗表面皿及烧杯壁，至体积约 50mL。用中速滤纸过滤不溶残渣，用热盐酸（1＋50）洗残渣，直至看不见黄色的三氯化铁为止，然后再用热水洗 6～8 次。将滤液和洗液收集在 600mL 烧杯中，此即主液。

将滤纸和残渣放入铂坩埚中，灰化，在 800℃ 灼烧 20min，冷却。用硫酸（1＋1）润湿残渣，加 5mL 氢氟酸，低温加热至三氧化硫白烟冒尽，以除去二氧化硅和硫酸。取下，加 2g 焦硫酸钾于冷却后的坩埚中，缓慢加热升至 650℃ 左右熔融约 5min，冷却。将坩埚放入原烧杯中，加约 25mL 水和 5mL 盐酸，温热溶解熔融物。洗出坩埚，将该溶液并入主液。不沸腾状况下蒸发至约 100mL。

2. 还原

逐滴加入三氯化钛溶液（1＋14），直至黄色消失并过量 3～5 滴。用少量水吹洗杯壁，并迅速加热至开始沸腾。取下烧杯，立即将 5mL 高氯酸（1＋1）一次加入，摇动约 5s，将溶液混匀。立即加冷水（＜10℃）稀释至 200mL，迅速冷却至 15℃ 以下。

3. 滴定

在冷却的溶液中，加 20mL 硫磷混酸，加 5 滴二苯胺磺酸钠指示剂，用重铬酸钾标准溶液滴定，当溶液由绿色变为蓝绿色到最后一滴变紫色时为终点。记下消耗的重铬酸钾标准溶液的体积。

4. 空白试验

用相同的试剂，按与试样相同的操作，测量空白值。但在加硫磷混酸前加入 5.00mL 硫酸亚铁铵溶液，用重铬酸钾标准溶液滴定至终点后，再加入 5.00mL 硫酸亚铁铵溶液，继续用重铬酸钾标准溶液滴定至终点。前后滴定所需重铬酸钾标准溶液的体积之差即为空白值。

四、数据处理

按下式计算全铁含量，以质量分数表示：

$$w(\mathrm{Fe}) = \frac{c\left(\frac{1}{6}\mathrm{K_2Cr_2O_7}\right)(V-V_0)M(\mathrm{Fe})\times 10^{-3}}{m_{样}}\times 100\%$$

式中　$w(\mathrm{Fe})$——全铁的质量分数，%；

$c\left(\frac{1}{6}\mathrm{K_2Cr_2O_7}\right)$——$\frac{1}{6}\mathrm{K_2Cr_2O_7}$ 标准溶液的浓度，mol/L；

V_0——滴定空白所需重铬酸钾标准溶液的体积，mL；

V——滴定试液所需重铬酸钾标准溶液的体积，mL；

$m_{样}$——称取试样的质量，g；

$M(\mathrm{Fe})$——铁的摩尔质量，55.85g/mol。

五、允许误差

全铁的允许误差见表 4-2。

表 4-2　全铁的允许误差

全铁量/%	标样允许误差/%	试样允许误差/%
≤50.0	±0.14	0.20
>50.0	±0.21	0.30

💡 方法讨论

（1）盐酸分解试样后，如有少量白渣，可以不用回渣，对结果无显著影响。

（2）溶样时如酸挥发太多，应适当补加浓盐酸，使最后滴定的溶液中盐酸量不少于 10mL。

（3）滴定与配制重铬酸钾标准溶液的温度应保持一致，否则应对其体积进行校正。滴定比配制温度每升高 1℃，滴定度降低 0.02％。

（4）氧化、还原和滴定时溶液的温度控制在 20～40℃ 较好。当铜量较高时，由于铜离子的催化作用，"钨蓝"颜色容易褪色（褪色完，立即用重铬酸钾滴定，对测定结果没有影响）。

💡 知识补充

氯化亚锡还原滴定法

一、原理介绍

试样用酸分解或碱熔融分解，用氯化亚锡将三价铁还原为二价铁，加入氯化汞以除去过量的氯化亚锡，以二苯胺磺酸钠为指示剂，用重铬酸钾标准溶液滴定至紫色。

反应方程式：

$$2Fe^{3+} + Sn^{2+} + 6Cl^- \longrightarrow 2Fe^{2+} + SnCl_6^{2-}$$

$$Sn^{2+} + 4Cl^- + 2HgCl_2 \longrightarrow SnCl_6^{2-} + Hg_2Cl_2 \downarrow$$

$$6Fe^{2+} + Cr_2O_7^{2-} + 14H^+ \longrightarrow 6Fe^{3+} + 2Cr^{3+} + 7H_2O$$

此法的优点是：过量的氯化亚锡容易除去，重铬酸钾溶液比较稳定，滴定终点的变化明显，受温度的影响（30℃以下）较小，测定的结果比较准确。

二、试剂

（1）重铬酸钾标准溶液　　称取 1.7559g 预先在 150℃ 烘干 1h 的重铬酸钾（基准试剂）于 250mL 烧杯中，以少量水溶解后，移入 1L 容量瓶中，用水定容。1.00mL 此溶液相当于 0.0020g 铁。

（2）硫磷混合酸（15＋15＋70）　　将 150mL 浓硫酸缓缓倒入 700mL 水中，冷却后加入 150mL 磷酸，搅匀。

（3）氯化亚锡溶液（100g/L）　　称取 10g 氯化亚锡（$SnCl_2$）溶于 10mL 盐酸中，用水稀释至 100mL。

（4）氯化汞（$HgCl_2$）　　饱和溶液。

（5）硫磷混合酸（硫酸＋磷酸）　　2＋3。

（6）二苯胺磺酸钠（$C_6H_5NHC_6H_4SO_3Na$）溶液　　5g/L。

三、操作步骤

硫磷混酸分解试样：称取 0.2000g 试样于 250mL 锥形瓶中，加 0.5g 氟化钠，用少许水润湿后，加入 10mL 硫磷混合酸（2＋3），摇匀。在高温电炉上溶解完全，直至冒出三氧化硫白烟，取下冷却，加入 20mL 盐酸，低温加热至近沸，取下趁热滴加氯化亚锡溶液至铁离子的黄色消失，并过量 2 滴，用水冲洗杯壁。流水冷却至室温后，加入 10mL 氯化高汞饱和溶液，摇动后放置 2～3min，加水至 120mL 左右，加 5 滴 5g/L 二苯胺磺酸钠指示剂，用重铬酸钾标准溶液滴定至紫色。与试样分析的同时进行空白试验。

过氧化钠分解试样：称取 0.2000g 试样置于刚玉坩埚中，加 2～3g 过氧化钠，混匀，再覆盖 1g 过氧化钠。置于马弗炉中于 650～700℃熔融 5min，取出，冷却。将坩埚放入 250mL 烧杯中，盖上表面皿，加水 20mL、盐酸 20mL，浸取熔块。待熔块溶解后，用 5% 盐酸洗净坩埚，在电炉上加热溶解至近沸，并维持数分钟。取下趁热滴加氯化亚锡溶液至铁离子的黄色消失，并过量 2 滴。用水冲洗杯壁。冷却至室温后，加入 10mL 氯化汞饱和溶液，摇动后放置 2～3min，加 15mL 硫磷混合酸（15＋15＋70），加水至 120mL 左右，加 5 滴 5g/L 二苯胺磺酸钠指示剂，用重铬酸钾标准溶液滴定至紫色。与试样分析同时进行空白试验。

当分析铬铁矿中的铁以及含钒、钼和钨的矿石中的铁时，必须在碱熔浸取后过滤，将铬、钒、钼和钨除去，再进行铁的测定。

四、数据处理

按下式计算全铁含量，以质量分数表示：

$$w(\text{全 Fe})=\frac{(V-V_0)\times 0.002\text{g/mL}}{m}\times 100\%$$

式中　V_0——滴定空白所需重铬酸钾标准溶液的体积，mL；

V——滴定试液所需重铬酸钾标准溶液的体积，mL；

m——称取试样的质量，g；

0.002——与 1.00mL 重铬酸钾标准溶液相当的以克表示的铁的质量。

五、方法讨论

（1）若样品中含有机物，酸溶时需加几滴硝酸。

（2）硫磷混酸溶样时需要用高温电炉，并不断地摇动锥形瓶以加速分解，否则在瓶底将析出焦磷酸盐或偏磷酸盐，使结果不稳定。

（3）硫磷混酸溶矿温度要严格控制。温度过低，样品不易分解；温度过高，时间太长，磷酸会转化为难溶的焦磷酸盐，影响滴定终点辨别，并使分析结果偏低。通常铁矿在 250～300℃加热 5min 即可分解。

（4）过氧化钠熔融物用盐酸提取后，要煮沸 5～10min，以赶净过氧化氢，否则测定结果不正常。

（5）控制好二氯化锡还原铁离子的滴加量。过量二氯化锡被氯化汞氧化，应生成白色丝状沉淀。如果还原时二氯化锡过量太多，则产生灰色或黑色沉淀金属汞。金属汞容易被重铬酸钾氧化，使铁的结果偏高。

（6）氯化汞溶液加入时，有白色丝绢光泽沉淀生成，这种氯化亚汞沉淀的产生比较缓慢。因此加入氯化汞后应摇匀并放置 2～3min，时间过短则结果偏高。

（7）指示剂必须用新配制的，每周应更换一次。

任务 3 ▷ 氧化亚铁的测定——重铬酸钾滴定法

🔧 技能操作

一、原理介绍

试样在隔绝空气的锥形瓶中，以盐酸溶解试样（必要时可加 KF），使 FeO 变为 $FeCl_2$，为避免 Fe^{2+} 被空气氧化，在处理试样的同时，加少量 $CaCO_3$（或 $NaHCO_3$），它与盐酸作用产生 CO_2 以排除瓶中的空气：

$$CaCO_3 + 2HCl \longrightarrow CaCl_2 + H_2O + CO_2\uparrow \qquad FeO + 2HCl \longrightarrow FeCl_2 + H_2O$$

然后以二苯胺磺酸钠作指示剂，用重铬酸钾标液滴定：

$$6FeCl_2 + K_2Cr_2O_7 + 14HCl \longrightarrow 6FeCl_3 + 2KCl + 2CrCl_3 + 7H_2O$$

二、试剂

（1）盐酸 相对密度 1.19。

（2）碳酸钙（或碳酸氢钠） 固体。

（3）硫-磷混酸 同全铁测定部分。

（4）二苯胺磺酸钠 0.5%。

（5）重铬酸钾标液 $c(1/6K_2Cr_2O_7) = 0.05mol/L$，$c(1/6K_2Cr_2O_7) = 0.02mol/L$。

三、分析步骤

称样 0.5g 于 500mL 三角瓶中，加 $CaCO_3$ 约 1g，加盐酸 25mL，立即以瓷坩埚盖盖上瓶口，加热溶解，待溶解完全后，立即取下，并以流水冷却至室温，以水稀释至 120mL，迅速加入硫-磷混酸 10mL，指示剂 4～5 滴，以重铬酸钾标液滴至紫色。

四、数据处理

$$w(\text{FeO}) = \frac{cVM(\text{FeO}) \times 10^{-3}}{m} \times 100\%$$

式中　　c——重铬酸钾标液浓度，mol/L；

　　　　V——重铬酸钾标液消耗的体积，mL；

　$M(\text{FeO})$——FeO 的摩尔质量，71.85g/mol；

　　　　m——试样质量，g；

$w(\text{FeO})$——氧化亚铁的质量分数，%。

🔧 方法讨论

（1）操作时动作必须迅速，以免溶液和空气接触，使亚铁氧化。

（2）溶样时加热不可中断，以免空气进入瓶内，使亚铁氧化。

（3）试样不易溶时，可多加盐酸，或中途补加氢氟酸 2mL。

（4）含金属铁的试样，必须将金属铁分离后，再进行氧化亚铁的测定，或以氧化亚铁分析结果中减去金属铁换算成氧化亚铁含量。

（5）硫化铁矿，含钛、钡高者都不适用，硫化铁矿中 FeS 和 HCl 作用生成 H_2S：

$$FeS + 2HCl \longrightarrow FeCl_2 + H_2S$$

H_2S 可将 Fe^{3+} 还原成 Fe^{2+}，使结果偏高：

$$2FeCl_3 + H_2S \longrightarrow 2FeCl_2 + S + 2HCl$$

对于含少量硫化矿的铁矿，可以用溴-甲醇处理，氧化其中的硫化物为硫酸盐，用石棉过滤，残渣按照常法测定亚铁。

为消除 H_2S 的影响，可采用饱和 $HgCl_2$ 溶液 5mL，1+1 磷酸 30mL，0.5gNaHCO$_3$ 溶解试样，以使产生的 H_2S 在未与 Fe^{3+} 反应前，便转为 HgS 而消除：

$$3FeS + 2H_3PO_4 \longrightarrow Fe_3(PO_4)_2 + 3H_2S \qquad HgCl_2 + H_2S \longrightarrow HgS\downarrow + 2HCl$$

试样溶解后，再按上法处理。

（6）溶样时所用的盐酸和其他试剂，不能混入硝酸或其他氧化还原物质，否则结果相差很大，为了及时发现此现象，每次分析均应平行带标样检查。

任务 4 ▷ 二氧化硅含量的测定——酸溶脱水重量法

💡 技能操作

一、原理介绍

试样以酸分解，用高氯酸、硫酸脱水，过滤，灼烧称量，然后用氢氟酸-硫酸处理，使硅呈四氟化硅逸出，用处理前后质量之差计算二氧化硅的含量。

二、试剂

（1）浓盐酸；

（2）浓硝酸；

（3）硫酸（1+1）；

（4）高氯酸（$\rho = 1.67g/mL$）；

（5）硝酸银（10g/L）；

（6）氢氟酸（$\rho = 1.15g/mL$）；

（7）铂坩埚；

（8）马弗炉。

三、操作步骤

称取 0.5000～1.0000g 试样于 150mL 烧杯中，加入 15mL 盐酸、5mL 硝酸，加热至完全分解，取下稍冷，加入 10mL 硫酸（1+1），继续加热至冒三氧化硫白烟，取下冷却，加入 10mL 高氯酸，加热至冒高氯酸浓白烟 10～15min，取下冷却。加入 20mL 盐酸，100mL 热水，加热煮沸 3～5min，取下趁热用定量滤纸过滤，用 5%（体积分数）热盐酸洗涤 3～5

次，再用热水洗涤至无氯离子（用 10g/L 硝酸银溶液检查）。

将沉淀连同滤纸放入铂坩埚中，置于低温灰化后于 950～1000℃ 马弗炉中灼烧 1h，并称至恒量。残渣用水润湿，加入 5～10 滴硫酸、10～15mL 氢氟酸，于电炉上加热蒸发至三氧化硫白烟冒尽。再放入 950～1000℃ 马弗炉中灼烧 20min，并称至恒量，用氢氟酸处理前后质量之差计算二氧化硅的含量。

四、数据处理

按下式计算 SiO_2 含量，以质量分数表示：

$$w(SiO_2) = \frac{m_1 - m_2}{m} \times 100\%$$

式中　m_1——未经氢氟酸和硫酸处理前的试样质量，g；

　　　m_2——用氢氟酸和硫酸处理后的试样质量，g；

　　　m——称取试样量，g。

🖋 方法讨论

（1）试样中钙、镁含量高时，由于用氢氟酸-硫酸处理造成前后组成发生变化，能导致结果偏低。

（2）对铌、钽含量高的试样，可用焦硫酸钾熔融，用 200g/L 酒石酸浸取，过滤，以下操作同分析步骤。

（3）若试样含钛，冒高氯酸烟后，加一定硫酸以防止钛水解。

（4）含钡试样可在脱水之后，加 40～50mL 盐酸（1+1），加热溶解盐类，沉淀用热盐酸（1+4）洗涤。

🖋 知识补充

二氧化硅含量的测定——硅钼蓝光度法

一、原理介绍

矿样于铁坩埚中用 Na_2O_2 熔融，熔块用水浸取，酸化后使硅呈正硅酸形态转入溶液：

$$4FeSiO_3 + 4Na_2O_2 \longrightarrow 4Na_2SiO_3 + 2Fe_2O_3 + O_2 \uparrow$$

$$Na_2SiO_3 + 2HNO_3 + H_2O \longrightarrow H_4SiO_4 + 2NaNO_3$$

所形成的可溶性正硅酸在 $c(H^+) = 0.1～6mol/L$ 的弱酸性溶液中，与钼酸铵溶液反应生成黄色硅钼杂元酸，此配合物在酸性介质中，可被亚铁溶液还原为蓝色硅钼杂元酸，借此进行光电比色测定。磷不干扰硅的测定，在此酸度下磷钼黄不会形成。

二、试剂

（1）钼酸铵　5%（如有沉淀过滤使用）。

（2）硫酸亚铁铵溶液　5%，每 100mL 加 5～6 滴硫酸溶液。

（3）草-硫混酸　3%草酸-5%硫酸。

三、操作步骤

吸取母液 2mL 于 200mL 三角瓶中，加 5%钼酸铵 5mL 于沸水浴中加热 30s，取下，立即加草-硫混酸 15mL，加硫酸亚铁铵 5mL，摇匀比色。用 581G 型比色计，红色滤光片，以水为参比，测定吸光度。或用 721 型比色计，波长为 640nm，水作参比，2cm 比色皿。

四、数据处理

$$w(SiO_2) = EE_0$$

式中　$w(SiO_2)$——标样中 SiO_2 质量分数，%；

　　　　E_0——标样之消光值；

　　　　E——试样之消光值。

五、方法讨论

（1）用 Na_2O_2 熔样时要严格控制用量，尤其注意试样与标样的用量要一致，因为量的大小会影响溶液的酸度。一般为 1.5～2g Na_2O_2。

（2）根据 SiO_2 含量的高低可适当增减分液量。

（3）硅钼黄的形成与酸度有很大的关系，一般以 $c(H^+) = 0.1～0.6mol/L$（pH 1.2～1.8）为宜。酸度过强硅钼黄生成不完全，或者不能生成，且能导致磷的干扰；酸度太弱，硅钼黄生成不完全，使结果偏低。

（4）硅钼黄形成的温度和时间的关系：在室温条件下放置 5～10min，硅钼黄即可形成完全，如提高发色温度，在沸水浴中加热可使硅钼黄形成加速，因此 30s 已足，但必须立即冷却。

（5）加入混酸后，应迅速加入硫酸亚铁铵溶液，如间隔时间太长会使结果偏低，间隔时间越长，结果越低。因为草酸也能破坏硅钼黄。

（6）硅钼蓝生成也与酸度有关，酸度过低时，硅钼蓝不能生成。因此加入混酸提高酸度，但不能单用硫酸，因为溶液中有大量 Fe^{3+}，可能降低亚铁的还原能力，而硫酸不能抑制三价铁的影响，吸光度常随铁量的增减而波动，所以要采用草-硫混酸。

加草酸的作用：增大酸度，溶解钼酸铁，消除磷、砷、钒等离子的干扰，防止过量的钼酸铵被亚铁还原，并使三价铁生成浅黄色草酸铁配合物 $[Fe(C_2O_4)_3]^{3-}$，降低 Fe^{3+}/Fe^{2+} 氧化还原电位，提高 Fe^{2+} 还原能力。

（7）硫酸亚铁铵配制时间不宜过长，容易失效，配制时加入硫酸防止水解。

（8）如有氟存在，其量不超过硅量时，生成的氟硅酸，能与钼酸铵作用，含硅高时，由于氟硅酸的生成，能防止硅酸的聚合作用，有利于硅的测定。

（9）大批试样需绘制曲线，若试样少可带标样换算，但含量应相近，两个标样互相换算，所得结果在允许范围内方可应用。

任务 5　**金属铁的测定——磺基水杨酸光度法**

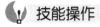 技能操作

一、原理介绍

试样以氯化高汞-水杨酸钠乙醇溶液进行搅拌浸取，使金属铁和其他铁化合物进行分离，

然后以磺基水杨酸光度法测定铁量。

二、试剂

（1）盐酸（2+1）。

（2）过氧化氢（3%）。

（3）乙醇。

（4）混合溶液　称取 2.5g 氯化汞（$HgCl_2$）和 3g 水杨酸钠溶于 100mL 95% 乙醇中。

（5）显色液　称取 100g 磺基水杨酸溶于 500mL 水中，以氢氧化铵（1+1）中和至对硝酚指示剂变色，以水稀释至 1L。

（6）缓冲溶液　称取 500g 乙酸钠（$NaAc \cdot 3H_2O$）溶于 100mL 盐酸（1+4）中，微热至 60～70℃，待试剂溶解后，冷却，以水稀释至 1L。

（7）铁标准溶液　称取 0.1000g 纯铁（99.5% 以上），加入 15mL 盐酸（$\rho 1.19g/mL$）溶解，滴加 5 滴过氧化氢，将溶液蒸发至体积约为 10mL，冷却后，移入 1000mL 容量瓶中，以水稀释至刻度，此溶液 1mL 含 0.10mg 铁。

三、操作步骤

测定：称取 0.5000g 试样。置于干燥的 150mL 锥形瓶中，每次加入 15～20mL 乙醇，仔细摇匀，用场强 1000 Oe 扁形磁铁外磁选 4～5 次，慢慢倾出非磁性矿物及乙醇（尽量倒净乙醇）。然后加入 25mL 混合溶液，电磁搅拌 20min。将溶液及残渣移入 100mL 容量瓶中，加水稀释至刻度，混匀。放置 15min，以干燥滤纸及漏斗过滤，弃去最初 5mL 滤液，移取 20.00mL 滤液置于 100mL 容量瓶中，加入 3 滴盐酸、3 滴过氧化氢，加热至沸，取下冷却，加入 10mL 显色剂、10mL 缓冲溶液，用水稀释至刻度。放置 10min 后，将部分溶液移入 3cm 比色皿中，以随同试样空白为参比，于分光光度计波长 460nm 处测量其吸光度。从工作曲线上查出相应的铁量。

工作曲线的绘制：移取 20.00mL 空白试验溶液 5 份，注入 5 个 100mL 容量瓶中，分别加入 0.00、0.50mL、1.00mL、2.00mL、3.00mL 铁标准溶液、3 滴盐酸、3 滴过氧化氢，加热至沸，取下冷却，加入 10mL 显色剂、10mL 缓冲溶液，用水稀释至刻度。放置 10min 后，将部分溶液移入 3cm 比色皿中，以不加铁标准溶液的一份为参比，于分光光度计波长 460nm 处测量其吸光度。以铁量为横坐标，吸光度为纵坐标绘制工作曲线。

四、数据处理

按下式计算金属铁的百分含量：

$$w(Fe) = \frac{m_1}{m} \times 100\% \times K$$

式中　m_1——从工作曲线上查得的金属铁量，mg；

m——分取试样量，mg；

K——由公式 $K = \dfrac{100}{100-A}$ 所得的换算系数（如果使用预干燥试样，则 $K=1$），A 是水分的质量分数；

$w(\text{Fe})$ ——金属铁的质量分数，％。

五、测定允许误差

测定允许误差见表 4-3。

表 4-3　结果测定允许误差

金属铁量/%	标样允许误差/%	试样允许误差/%
0.020～0.100	±0.007	0.010
>0.100～0.300	±0.018	0.025

方法讨论

（1）当平行分析同类标准试样所得的分析值与标准之差不大于表 4-3 所列的允许误差时，则试样分析值有效，否则无效，应重新分析。分析值是否有效，首先取决于平行分析的标准试样的分析值是否与标准一致。

（2）当所得试样的两个有效分析值之差，不大于表 4-3 所列允许误差时，则可予以平均，计算为最终分析结果。如两者之差大于允许误差时，则应进行追加分析和数据处理。

知识补充

金属铁量的测定方法

一、重铬酸钾滴定法

1. 原理介绍

试样经氯化铁溶解，金属铁被氧化为二价铁。

$$\text{Fe} + 2\text{FeCl}_3 \longrightarrow 3\text{FeCl}_2$$

用重铬酸钾标准溶液滴定。

$$6\text{FeCl}_2 + \text{K}_2\text{Cr}_2\text{O}_7 + 14\text{HCl} \longrightarrow 6\text{FeCl}_3 + 2\text{KCl} + 2\text{CrCl}_3 + 7\text{H}_2\text{O}$$

2. 试剂

（1）氯化铁溶液　5％。

（2）硫磷混酸（见全铁的测定）。

（3）二苯胺磺酸钠溶液　0.5％。

（4）重铬酸钾标准溶液　$c(1/6\text{K}_2\text{Cr}_2\text{O}_7) = 0.05\text{mol/L}$。

3. 操作步骤

称取试样 0.5g 于 500mL 干燥的锥形瓶中，加氯化铁溶液 100mL，用塞子塞紧瓶口，振荡 30min，用中性石棉过滤，用水洗瓶 4～5 次，洗涤石棉层 6～7 次，向滤液中加硫磷混酸 20mL，二苯胺磺酸钠指示剂 4 滴，立即用重铬酸钾标准溶液滴定至溶液呈现紫色为终点。

4. 数据处理

$$w(\text{Fe}) = \frac{cVM \times 10^{-3}}{m \times 3} \times 100\%$$

式中　c ——重铬酸钾标准溶液的浓度，mol/L；

　　　V ——滴定时所耗重铬酸钾标液的体积，mL；

M——铁的摩尔质量，g/mol；

m——试样质量，g；

$w(Fe)$——金属铁的质量分数，％。

5. 注意事项

（1）适应各种炉渣及铁屑中金属铁的测定。

（2）含量高时，需延长振荡时间。

（3）过滤用的石棉，应经过 900～1000℃灼烧后再使用。

（4）上层不溶物可测定氧化铁。

（5）从反应中 $Fe+2FeCl_3 \longrightarrow 3FeCl_2$ 可知，用重铬酸钾滴定的铁量是测定的金属铁的三倍，所以在计算中要除以"3"。

二、金属铁量——氯化铁-乙酸钠容量法

1. 原理介绍

试样首先经磁选法分离非磁性矿物，在电磁搅拌条件下，用氯化铁-乙酸钠溶液选择溶解金属铁，过滤分离后，滤液用重铬酸钾标准溶液滴定，计算金属铁的含量。

其他还原态物质及高价锰等氧化态物质，对此法存在干扰。

2. 试剂

（1）氯化铁溶液（3％） 称取 30g 氯化铁（$FeCl_3 \cdot 6H_2O$），溶于 1000mL 水中，混匀（如溶液浑浊，应过滤后使用）。

（2）氯化铁-乙酸钠溶液（pH＝2.2～2.4） 取 100mL 3％氯化铁溶液加入乙酸钠（$NaAc \cdot 3H_2O$），用 pH 计测其 pH。如 pH 不符合要求，再加入乙酸钠或氯化铁溶液予以调整。

（3）硫磷混酸 将 200mL 浓硫酸在搅拌下，缓慢注入 500mL 水中，再加入 300mL 磷酸，混匀。

（4）乙醇。

（5）二苯胺磺酸钠指示剂溶液（0.2％）。

（6）重铬酸钾标准溶液（$c=0.004167mol/L$） 称取 1.2258g 预先在 150℃烘干 1h 的重铬酸钾基准试剂溶于水，移入 1000mL 容量瓶中，用水稀释至刻度，混匀。

（7）硫酸亚铁铵溶液（$c=0.025mol/L$） 称取 9.85g 硫酸亚铁铵〔$(NH_4)_2Fe(SO_4)_2 \cdot 6H_2O$〕溶于（5+95）硫酸溶液中，转移至 1000mL 容量瓶中，用硫酸（5+95）稀释至刻度，混匀。

3. 分析步骤

称取 0.5000～1.000g 试样于干燥的 250mL 锥形瓶中，每次加入 15～20mL 乙醇，仔细摇匀，用场强 1000Oe 扁形磁铁外磁选 4～5 次，慢慢倾出非磁性矿物及乙醇（尽量倒净乙醇）。然后加入 30mL 氯化铁-乙酸钠溶液，盖上瓶塞，电磁搅拌 20min。用滤纸（应加入适量纸浆）或酸洗石棉（预先应于 900℃灼烧 2h 以上）过滤。用水洗涤锥形瓶 3～4 次，洗残渣 6～8 次。向滤液中加 20mL 硫磷混酸，流水冷却下静置至黄色褪去，加入 5 滴二苯胺磺酸钠指示溶液，用重铬酸钾标准溶液滴定至呈稳定紫色。

向随同试样空白溶液中加入 6.00mL 硫酸亚铁铵溶液、20mL 硫磷混合酸，流水冷却下静

置至黄色褪去，加入 5 滴二苯胺磺酸钠指示溶液，用重铬酸钾标准溶液滴定至呈稳定紫色。记下消耗重铬酸钾标准溶液的体积（A），再向溶液中加入 6.00mL 硫酸亚铁铵溶液，再以重铬酸钾标准溶液滴定至呈稳定紫色，记下滴定的体积数（B），则 $V_0 = A - B$ 即为空白值。

4. 数据处理

按下式计算金属铁质量分数：

$$w(\text{金属 Fe}) = \frac{c\left(\frac{1}{6}K_2Cr_2O_7\right)(V - V_0)M \times 10^{-3}}{m} \times 100\%$$

式中：　$w(\text{金属 Fe})$ ——金属铁的质量分数，%；

$c\left(\frac{1}{6}K_2Cr_2O_7\right)$ —— $\frac{1}{6}K_2Cr_2O_7$ 标准溶液的浓度，mol/L；

V ——滴定试样溶液所消耗重铬酸钾标准溶液的体积，mL；

V_0 ——滴定随同试样空白溶液所消耗重铬酸钾标准溶液的体积，mL；

M ——铁的摩尔质量，g/mol；

m ——试样质量，g。

5. 测定结果允许误差

金属铁量的允许误差见表 4-4。

表 4-4　金属铁量的允许误差

金属含铁量/%	标样允许误差/%	试样允许误差/%
0.300~0.500	±0.04	0.05
0.500~1.000	±0.07	0.10
1.000~2.000	±0.15	0.20

6. 注意事项

过滤时，可用扁形磁铁块于锥形瓶底部吸住磁性矿物，使其尽量少进入滤液，倾泻过滤，以加快过滤速度。

任务6 ▷ 铁矿石中硫量测定——硫酸钡重量法

技能操作

一、原理介绍

试样以过氧化钠-碳酸钠混合熔剂熔融，水浸取，过滤除去氢氧化物、碳酸盐等沉淀。在稀盐酸溶液中，加入氯化钡，使硫酸根定量生成硫酸钡沉淀。灼烧，称量硫酸钡，计算硫的含量。

铬、锡和磷的干扰，分别用过氧化氢、柠檬酸和碳酸钙消除。

二、试剂

（1）过氧化钠-碳酸钠混合熔剂　三份过氧化钠与一份无水碳酸钠混匀。

（2）碳酸钙。

（3）氢氟酸（$\rho=1.15g/mL$）。

（4）盐酸（$\rho=1.19g/mL$）。

（5）盐酸（1+1）。

（6）硫酸（1+1）。

（7）过氧化氢（30%）。

（8）乙醇（无水）。

（9）柠檬酸溶液（50%）。

（10）碳酸钠溶液（2%）。

（11）硝酸银溶液（1%）。

（12）氢氧化钠溶液（25%）。

（13）甲基橙溶液（0.1%）。

（14）氯化钡溶液（100g/L）　称取100g氯化钡溶于适量水，过滤后用水稀释至1000mL，混匀。

（15）氯化钡-盐酸洗液　称取1g氯化钡，用适量盐酸（1+99）溶解，过滤后用盐酸（1+99）稀释至1000mL，混匀。

（16）试样　一般试样粒度应小于$100\mu m$，如试样中结合水或易氧化物质含量高时，其粒度应小于$160\mu m$。

三、操作步骤

称取试样0.25～1.00g于30mL刚玉坩埚中，加入对应的混合熔剂和1g碳酸钙。如试样中磷量低于0.1%。可不加碳酸钙，混匀。再覆盖2g混合熔剂。

先低温再在700～750℃熔融10～15min，取出摇动，冷却，置于400mL烧杯中，加入100mL热水浸取，待反应停止后，用热水和少量盐酸洗出坩埚。

将溶液（如呈绿色或紫色时，可加少许乙醇）煮沸3～4min（防止溅失）。取下，静置，待大部分沉淀沉降后，趁热用中速滤纸过滤，沉淀尽可能留在原烧杯，滤液收集于500mL烧杯中，加入50mL热的碳酸钠溶液，煮沸（防止溅失），用原滤纸过滤，用热的碳酸钠溶液洗涤烧杯2～5次，洗涤沉淀8～10次。

向滤液（如试样含锡，应加入4mL柠檬酸溶液）中加入2滴甲基橙溶液，用盐酸迅速中和至溶液呈红色，再依次用氢氧化钠溶液和盐酸调至溶液恰呈红色。加入4mL盐酸，用水稀释至约300mL（试样如含铬，此时应加入几滴过氧化氢），将溶液煮沸至无大气泡。用水洗杯壁，在不断搅拌下，滴加10mL热的氯化钡溶液，溶液在低温电热板上保温2h，取下，放置过夜。

用少量滤纸浆的慢速定量滤纸过滤，沉淀用氯化钡-盐酸洗液倾洗2次，并将沉淀洗至滤纸上，用擦棒擦净烧杯，用温水洗至无氯离子（用硝酸银溶液检查）。

将沉淀连同滤纸移入已恒重的铂坩埚中，灰化，约800℃灼烧10～20min，冷却，加入4滴硫酸、2mL氢氟酸，低温蒸发至冒尽硫酸烟，再于800℃灼烧30min，置于干燥器中，冷却至室温后称量，并灼烧至恒重。

同时做空白试验。

四、数据处理

按下式计算硫的百分含量：

$$w(S) = \frac{(m_1 - m_2) \times 0.1374}{m} \times 100\%$$

式中　m_1——灼烧后硫酸钡的质量，g；

　　　m_2——做空白试验硫酸钡的质量，g；

　0.1374——硫酸钡换算为硫的换算系数；

　　　m——试样的质量，g；

　$w(S)$——硫的质量分数，%。

五、允许误差

测定结果允许误差见表 4-5。

表 4-5　测定结果允许误差

硫量/%	标样允许误差/%	试样允许误差/%
0.300～0.500	±0.090	0.012
0.50～—1.00	±0.015	0.02
1.00～3.00	±0.030	0.04
3.00～5.00	±0.045	0.06

✒ 方法讨论

（1）当硫量在 0.300%～2.00% 时，称取试样量 1.00g，混合熔剂量 8.0g；当硫量在 2.00%～4.00% 时，称取试样量 0.5g，混合熔剂量 4.0g；当硫量在 4.00%～5.00% 时，称取试样量 0.25g，混合熔剂量 4.0g。

（2）本法适用于铁矿石、铁精矿、烧结矿和球团矿中硫量的测定。测定范围 0.300%～0.500%。

✒ 知识补充

燃烧碘量法测定硫量

一、原理介绍

将试样同三氧化钨混合，在 (1200±20)℃ 高温炉中加热，以氮气作为载气。在含淀粉及碘化钾的稀盐酸溶液中，吸收析出的二氧化硫，在析出的过程中连续以碘酸钾标准溶液滴定。

二、试剂和装置

（1）三氧化钨 [亦可用金属钨在 (700±20)℃ 灼烧 4～5h，中间打开炉门数次，使其充分氧化]。

（2）盐酸 (1+66)。

（3）碘化钾 (3%)。

（4）淀粉溶液 (2%)　称取 2g 淀粉，置于 200mL 烧杯中加 10mL 水使成悬浮液，加入

50mL 沸水搅拌，再加入 30mL 饱和硼酸，4～5 滴盐酸（$\rho 1.19g/mL$），冷却。稀释至 100mL，混匀，待沉淀后，取上层清液使用。

（5）碘酸钾标准溶液（0.001042mol/L）　称取 0.2230g 预先在 105～110℃烘 2h 并置于干燥器中，冷至室温的基准碘酸钾溶于水中，冷却，移入 1000mL 容量瓶中，用水稀释至刻度，混匀。此溶液 1mL 相当于 0.10mg 硫。

（6）燃烧装置　如图 4-1 所示。

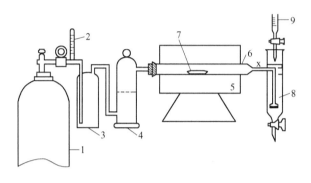

图 4-1　燃烧装置示意图

1—氮气钢瓶；2—气体流量计（0～15L/min）；3—洗气瓶 [内盛高锰酸钾（5%）及氢氧化钾（40%）溶液]；

4—干燥塔 [下层装烧碱石棉（粒度 14～24 目），上层装无水高氯酸镁（粒度 14～24 目），顶端和底部放玻璃棉]；

5—卧式燃烧炉 [可保持（1200±20）℃]；6—瓷管 [耐温（1200±20）℃，23mm×27mm×600mm]；

7—瓷舟（长 88mm，宽 14mm，深 9mm）和瓷舟罩（长 83mm，内径 14mm，外径 18mm）；

8—吸收器（如图 4-2，装吸收液用）；9—滴定管

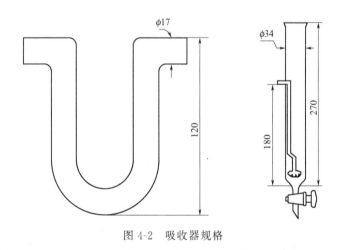

图 4-2　吸收器规格

（7）9 滴定管　25mL（测定硫＜0.025% 时，使用较精密的微量滴定管）。

（8）U 形吸收管　内径 17mm，内盛约 30g 氯化亚锡（$SnCl_2 \cdot 2H_2O$，粒度 14～24 目），两端塞以玻璃棉，需用时安装在瓷管的出口处，图 4-1 中 x 点处。

三、操作步骤

按图 4-1 连接好测定装置，将燃烧炉炉温升至（1200±20）℃（指放瓷舟处的温度）。通氮气检查，确信装置不漏气后才能测定。

将试样 0.250～1.00g 置于预先盛有 1.0g 三氧化钨的小皿中，充分混匀。

将 80mL 盐酸、1mL 碘化钾、1mL 淀粉注入吸收器中，调节氮气流量为 500～700mL/min，在通氮的情况下，用碘酸钾标准溶液滴定吸收液，使溶液保持淡蓝色。

将同三氧化钨混匀的试样，移入瓷舟中，装上瓷舟罩。

将装有试样的瓷舟及罩推入卧式燃烧炉灼热处，立即塞上橡皮塞，以 500～700mL/min 的氮气流通过燃烧炉，用碘酸钾标准溶液滴定吸收液，使溶液保持淡蓝色。

继续通氮 5～6min，并使吸收液保持稳定的蓝色。重复打开通向燃烧管入口的橡皮塞（为使吸收液倒流入吸收器的气球内），然后再塞上，如此清洗吸收器 2～3 次，然后把溶液滴定至淡蓝色为终点。记录消耗的碘酸钾标准溶液体积（V_1）。

四、数据处理

按下式计算硫的质量分数：

$$w(S) = \frac{(V_1 - V_2) \times 0.1mg/mL}{m \times 1000} \times 100\%$$

式中　V_1——滴定试样溶液所消耗的碘酸钾标准溶液体积，mL；

$\quad\quad V_2$——滴定随同试样空白溶液所消耗的碘酸钾标准溶液体积，mL；

$\quad\quad m$——试样质量，g；

$\quad\quad 0.1$——1mL 碘酸钾标准溶液相当于硫酸的含量；

$\quad w(S)$——硫的质量分数，%。

五、测定允许误差

测定结果允许误差见表 4-6。

表 4-6　测定结果允许误差

硫量/%	标样允许误差/%	试样允许误差/%
0.002～0.010	±0.0010	0.0015
＞0.010～0.050	±0.0020	0.0030
＞0.050～0.100	±0.0035	0.0050
＞0.100～0.250	±0.0060	0.0080
＞0.250～0.500	±0.0090	0.0120

方法讨论

（1）当硫量在 0.002%～0.025% 时，称取试样量 1.00g；当硫量在 0.025%～0.30% 时，称取试样量 0.50g；当硫量在 0.30%～0.50% 时，称取试样量 0.25g。

（2）如已知或认为试样含有氯化物，例如以氯化钠、方柱石、氯磷灰石存在，试样燃烧生成的氯气，应在吸收后和滴定之前，使气流通过装有氯化亚锡的 U 形玻璃管，将其除去，当分析含氯化物大于 1% 的大量试样时，适当更换氯化亚锡。当不知试样是否含有氯化物时，亦应配备氯化亚锡吸收管，此装置对测定没有影响。

（3）一般试样燃 5～6min 已足够了，但有些试样需要增加燃烧时间至 10min，或更长一些，以保证硫从试样中完全释放出来。

（4）测定高含量氯（大于 1%）试样时，应在燃烧管的出口处装一个盛有玻璃棉的球形管，同时每分析一个样品，吸收器需用热的氢氧化钠（20％）洗 4 次，然后用水洗净后使用，以防止吸收器堵塞，影响分析结果。

（5）一般试样粒度应小于 $100\mu m$，如试样中结合水或易氧化物质含量高时，粒度应小于 $160\mu m$。

（6）为防止三氧化硫被载带出液面，应在通氮气后立即滴定，使吸收液的液面始终保持蓝色。

任务 7 ⇨ 铁矿石中铜含量的测定——原子吸收分光光度法

技能操作

一、原理介绍

试样用盐酸、硝酸和氢氟酸处理使之分解，加高氯酸蒸发，稀释到一定体积。于原子吸收分光光度计波长 324.8nm 处，以空气-乙炔火焰进行铜的测定。

二、试剂

（1）盐酸（$\rho 1.19g/mL$）。

（2）盐酸（$1+2$）。

（3）硝酸（$\rho 1.42g/mL$）。

（4）硝酸（$1+3$）。

（5）氢氟酸（$\rho 1.15g/mL$）。

（6）高氯酸（$\rho 1.67g/mL$）。

（7）底液　溶解 15g 金属铁粉〔铜含量<0.001％（m/m）〕于 150mL 盐酸（$1+2$）中，溶液冷却至室温，加 10mL 浓硝酸，加热赶尽氮的氧化物，加 250mL 高氯酸，将溶液蒸发冒烟 10min，冷却后加入 50mL 浓盐酸，用水稀释至 1000mL。

（8）铜标准溶液　称取 1.0000g 纯金属铜（99.9％以上）溶于 30mL 浓硝酸中，加热除去氮的氧化物，冷却后移入 1000mL 容量瓶中，用水稀释至刻度，混匀。此溶液 1mL 含 1.00mg 铜。

移取 10.00mL 上述铜标准溶液于 1000mL 容量瓶中，用水稀释至刻度，混匀。此溶液 1mL 含 $10\mu g$ 铜。

（9）原子吸收分光光度计　配备空气-乙炔燃烧器、铜空心阴极灯。所用原子吸收分光光度计均应达到下列指标。

最低灵敏度：工作曲线中所用等差系列标准溶液中浓度最大者，其吸光度应不低于 0.300。

工作曲线性：作曲线顶部 20％浓度范围的斜率值（表示为吸光度的变化）在同样方法测定时与底部 20％浓度范围的斜率值之比不应小于 0.7。

最低稳定性：工作曲线中所用浓度最大的标准溶液与浓度为零者经各自多次测定，所得之标准偏差，相对于最高浓度吸光度平均值求得的变异系数，应分别小于 1.5％和 0.5％。最低稳定性变异系数的计算公式见方法讨论。

三、操作步骤

称取 0.5000g 试样置入聚四氟乙烯烧杯中，加入少量水湿润，加入 15mL 浓盐酸，盖上表面皿，加热，在微沸下至不再发生溶解反应。加入 5mL 浓硝酸，加热 10min，移去表面皿，加入 5mL 氢氟酸，加热 10min。用水冲洗杯壁，加入 5mL 高氯酸，加热蒸发至产生高氯酸白烟，冒烟 3～4min，冷却，加入 3mL 盐酸（1+2），加热溶解盐类，用水冲洗杯壁进一步加热至溶液清亮。冷却后，移入 100mL 容量瓶中，用水稀释至刻度，混匀。随同空白试液中应加入 20mL 底液。

在原子吸收分光光度计上，于波长 324.8nm 处，以空气-乙炔火焰，用水调零。先用工作曲线系列浓度最大的溶液喷测，并调节火焰状态和燃烧器位置，以达到最大吸光度。然后按浓度由低到高的顺序，依次喷入铜的工作曲线系列溶液和待测试样溶液及空白试验溶液。每一溶液喷测均以水调零，并至少重复喷测两次，记下获得的稳定读数，求得各自平均吸光度。

工作曲线的绘制：铜含量在 0.003% ～ 0.020% 时，移取 0.00、2.00mL、4.00mL、6.00mL、8.00mL、10.00mL 铜标准溶液（1mL 相当于 10μg），分别置于一组 100mL 容量瓶中，准确加入 20mL 底液，用水稀释至刻度，混匀。

工作曲线系列每一溶液的平均吸光度减去零浓度溶液的平均吸光度，为铜工作曲线系列溶液的净吸光度。以铜浓度为横坐标，净吸光度为纵坐标，绘制工作曲线。

根据试样溶液的平均吸光度和随同试样空白溶液的平均吸光度，从工作曲线上查出铜的浓度（μg/mL）。

四、数据处理

按下式计算铜的质量分数：

$$w(\text{Cu}) = \frac{c_2 - c_1}{m} \times 10^{-6} \times 100\%$$

式中　c_2——从工作曲线上查得的试样溶液中铜的浓度，μg；

　　　c_1——从工作曲线上查得的随同试样空白溶液中铜的浓度，μg；

　　　m——测量溶液相当的试样量，g；

　$w(\text{Cu})$——铜的质量分数，%。

五、允许误差

测定结果允许误差见表 4-7。

表 4-7　测定结果允许误差

铜量/%	标样允许误差/%	试样允许误差/%
0.003～0.010	±0.002	0.002
>0.010～0.050	±0.003	0.004
>0.050～0.100	±0.005	0.007
>0.100～0.250	±0.010	0.014
>0.250～0.500	±0.015	0.022
>0.500～1.000	±0.024	0.035

💡 方法讨论

(1) 一般试样粒度应小于 $100\mu m$，如试样中结合水或易氧化物质含量高时，其粒度应小于 $160\mu m$。

(2) 随同试样做空白试验，所用试剂须取自同一试剂瓶。空白试验其量不得大于相当于含量的 0.0008%。

(3) 铜含量在 $0.010\sim1.00\%$ 时，移取 0.00、$2.00mL$、$4.00mL$、$6.00mL$、$8.00mL$、$10.00mL$ 铜标准溶液（$1mL$ 相当于 $0.1mg$）。

(4) 本标准适用于铁矿石、铁精矿、烧结矿和球团矿中铜量的测定。测定范围：$0.003\%\sim1.00\%$。

(5) 最低稳定性变异系数的计算公式

$$S_C = \frac{100}{A_C}\sqrt{\frac{\sum(A_C - A\bar{_C})^2}{n-1}} \qquad S_0 = \frac{100}{A_C}\sqrt{\frac{\sum(A_0 - A\bar{_0})^2}{n-1}}$$

式中 S_C——最高浓度标准溶液吸光度的百分变异系数；

     S_0——零浓度溶液吸光度的百分变异系数；

     $A\bar{_C}$——最高浓度标准溶液吸光度的平均值；

     A_C——最高浓度标准溶液吸光度；

     $A\bar{_0}$——零浓度溶液吸光度的平均值；

     A_0——零浓度溶液吸光度；

     n——测量次数。

(6) 铜含量小于 0.20% 不分取；若铜含量在 $0.20\%\sim1.00\%$ 之间，将试液作如下稀释：分取 $20.00mL$ 试液于 $100mL$ 容量瓶中，加入底液 $16mL$，用水稀释至刻度，混匀。此时随同试样空白溶液也要采用相同的方法进行稀释，配制成稀释空白溶液。

(7) 如分解试样操作中有值得注意的残渣，或怀疑残渣含有可观量的铜，应将溶液用致密滤纸过滤，滤液收集在 $100mL$ 容量瓶中，用热水洗净残渣及滤纸，冷却溶液，用水稀释至刻度，混匀。残渣用 $1g$ 碳酸钠（无水）熔融，用稀硝酸（$1+20$）浸取，然后检查铜含量，也要相应地制备空白溶液。

💡 知识补充

铁矿石铜量测定——双环己酮草酰二腙光度法

一、原理介绍

试样用盐酸、硝酸、氢氟酸、高氯酸分解，过滤；残渣用碳酸钠-硼酸熔融。用柠檬酸掩蔽铁、铝等离子，在 pH $9.2\sim9.3$ 的氨性溶液中，双环己酮草酰二腙与铜（Ⅱ）生成蓝色配合物，于波长 $600nm$ 处，测量其吸光度，借此测定铜量。

二、试剂

(1) 混合熔剂   2 份碳酸钠（无水）与 1 份硼酸在 $105\sim110℃$ 烘干 $1h$，研细混匀。用磨口瓶贮存。保存于干燥器中。

(2) 盐酸（$\rho 1.19g/mL$）。

(3) 盐酸（5+3）。

（4）硝酸（$\rho 1.42 g/mL$）。

（5）硝酸（$1+1$）。

（6）氢氟酸（$\rho 1.15 g/mL$）。

（7）高氯酸（$\rho 1.67 g/mL$）。

（8）氢氧化铵（$\rho 0.90 g/mL$）。

（9）氢氧化铵（$1+1$）。

（10）无水乙醇。

（11）乙醇溶液（$1+1$）。

（12）氯化铵-氢氧化铵缓冲溶液（pH $9.2\sim 9.3$） 称取 40g 氯化铵溶于 500mL 水中，加 40mL 氢氧化铵，用水稀释至 1000mL，混匀。

（13）中性红（0.025%） 无水乙醇溶液。

（14）柠檬酸溶液（50%）。

（15）双环己酮草酰二腙溶液（0.1%） 称取 1g 双环己酮草酰二腙（简称 BCO），置于 500mL 烧杯中，加 200mL 无水乙醇，在水浴上加热（低于 $60℃$），加入 200mL 温水，在不断搅拌下使之溶解，冷却，过滤，以乙醇溶液（$1+1$）稀释至 1000mL，混匀。

（16）铜标准溶液

储备液：称取 0.2000g 金属铜（99.99%），置于 250mL 烧杯中，小心加入 20mL 硝酸（$1+1$），低温加热溶解，并驱尽氮的氧化物，冷至室温，移入 1000mL 容量瓶中，以水稀释至刻度，混匀。此溶液 1mL 含 $200.0\mu g$ 铜。

工作液：移取 25.00mL 上述铜标准溶液，置于 500mL 容量瓶中，以水稀释至刻度，混匀。此溶液 1mL 含 $10.0\mu g$ 铜。

（17）除铜的高氯酸铁溶液 称取 1.43g 三氧化二铁置于 250mL 烧杯中，加 20mL 盐酸，加热溶解，并浓缩至 5mL，用盐酸（$1+1$）洗入 250mL 分液漏斗中（此时体积约 25mL），加 30mL 甲基异丁基酮，振荡 1min，静置分层后，水相放入另一个分液漏斗中，加 20mL 甲基异丁基酮，同上操作再萃取一次，弃去水相（应无色）。将有机相合并，加 25mL 水反萃取，振荡 1min，静置分层后，将水相放入 250mL 烧杯中，再用 20mL 水反萃取一次，两次水相合并（此时有机相应无色），加 10mL 盐酸，加热使大部分有机物挥发后，加 10mL 硝酸、10mL 高氯酸，加热蒸发至冒浓厚白烟，再回流 3min，冷却后，加 50mL 水溶解盐类，移入 200mL 容量瓶中，以水稀释至刻度，混匀。此溶液 1mL 含 5mg 铁。

（18）甲基异丁基酮。

三、操作步骤

1. 试样测定

称取试样 $0.2000\sim 0.2500g$ 置于 200mL 聚四氟乙烯（PTFE）烧杯中，以少量水润湿，加 15mL 盐酸，低温加热分解约 20min，加 5mL 氢氟酸、5mL 硝酸继续加热分解并浓缩体积至约 5mL。用少量水冲洗杯壁，加 5mL 高氯酸，继续加热蒸发至冒白烟约 5min（糖浆状），取下稍冷，加 20mL 热水，煮沸溶解盐类，以快速定量滤纸过滤，用热水洗涤烧杯 $2\sim 3$ 次，洗残渣及滤纸 $8\sim 10$ 次，滤液和洗液收集于 250mL 烧杯中，作为主液保存。

将残渣连同滤纸放入铂坩埚中，灰化，在 800℃ 左右灼烧 10～20min，冷却，加 1～2g 混合熔剂，混匀，并以 1g 覆盖表面，然后在 900～950℃ 熔融约 5min，冷却后放入主液中，加 5mL 盐酸，加热浸取熔融物，再用热水洗出铂坩埚，冷至室温，移入 100mL 容量瓶中，以水稀释至刻度，混匀（如有浑浊可干过滤）。

移取 20mL 试液，置于 100mL 容量瓶中，加 2mL 柠檬酸溶液。加 3～4 滴中性红乙醇溶液，以氢氧化铵中和至溶液变黄，并过 3～4 滴（室温高于 30℃ 或由于中和时使溶液发热而超过此温度时，应以流水或冰冷却后方能显色）。加入 10mL 氯化铵-氢氧化铵缓冲溶液，加 20mL BCO 溶液，以水稀释至刻度，混匀。放置 10min（室温低于 10℃ 时应放置 30min 后才能显色完全）。

将部分溶液移入 2cm 比色皿中，以随同试样空白为参比，于分光光度计波长 600nm 处测量其吸光度（应在 30min 内测定完毕）。从工作曲线上查出相应的铜量。

2. 工作曲线的绘制

移取 2.00mL、4.00mL、6.00mL、8.00mL、10.00mL 铜标准储备溶液，分别置于一组 100mL 容量瓶中，加入相应量除铜的高氯酸铁溶液 20mL，加 2mL 柠檬酸溶液，以下按随同试样操作步骤进行。将部分溶液移入比色皿中，以试剂空白为参比，于分光光度计波长 600nm 处测量其吸光度，以铜量为横坐标，吸光度为纵坐标绘制工作曲线。

四、数据处理

按下式计算铜的质量分数：

$$w(\mathrm{Cu}) = \frac{m_1 V}{m V_1 \times 10^6} \times 100\%$$

式中　m_1——从工作曲线上查得的铜量，μg；

　　　m——试样质量，g；

　　　V——试液总体积，mL；

　　　V_1——分取试液体积，mL；

$w(\mathrm{Cu})$——金属铜的质量分数，%。

五、测定允许误差

测定结果允许误差见表 4-8。

表 4-8　测定结果允许误差

铜量/%	标样允许误差/%	试样允许误差/%
0.010～0.050	±0.004	0.005
＞0.050～0.100	±0.006	0.008
＞0.100～0.250	±0.009	0.012
＞0.250～0.500	±0.014	0.020
＞0.500～1.000	±0.020	0.030

🔧 方法讨论

（1）一般试样粒度应小于 $100\mu m$，如试样中结合水或易氧化物质含量高时，其粒度应小于 $160\mu m$。

（2）如不用 PTFF 烧杯，可采用玻璃烧杯，但在用酸分解试样时不加氟化物，残渣置于铂坩埚中灰化后用氢氟酸涂硅。

（3）本标准适用于铁矿石、铁精矿、烧结矿和球团矿中铜量的测定。测定范围：0.01％～1.00％。

任务 8 ⇨ 铁矿石中磷含量的测定——容量法

🖊️ **技能操作**

一、原理介绍

试样用盐酸、硝酸、高氯酸分解，过滤；残渣用高氯酸除硅、碳酸钠熔融，用稀盐酸浸取后，加氯化铁，用氨水沉淀回收磷。在含有适量硝酸和硝酸铵的条件下，加钼酸铵使生成磷钼酸铵沉淀。此沉淀溶于过量的氢氧化钠标准溶液中，过剩的氢氧化钠标准溶液滴定，借此测定磷含量。

磷钼酸铵沉淀生成

$$PO_4^{3-} + 12MoO_4^{2-} + 2NH_4^+ + 25H^+ \longrightarrow (NH_4)_2H(PMo_{12}O_{40}) \cdot H_2O \downarrow + 11H_2O$$

沉淀溶解于过量的氢氧化钠标准溶液中

$$(NH_4)_2H(PMo_{12}O_{40}) \cdot H_2O \downarrow + 27OH^- \longrightarrow PO_4^{3-} + 12MoO_4^{2-} + 2NH_4OH + 14H_2O$$

用硝酸标准溶液回滴至酚酞刚褪色（约 pH 8）

$$OH^- (NaOH) + H^+ \longrightarrow H_2O$$

$$PO_4^{3-} + H^+ \longrightarrow HPO_4^{2-}$$

$$2NH_4OH + 2H^+ \longrightarrow 2NH_4^+ + 2H_2O$$

氢氧化钠物质的量与磷物质的量的关系：溶解沉淀时，1mol 沉淀消耗 27mol 氢氧化钠，用硝酸回滴至 pH＝8 时，1mol 沉淀需要消耗 3mol 硝酸，所以在分析全过程中，1mol 沉淀相当于 24mol 氢氧化钠。1mol 氢氧化钠相当于 1/24mol 磷。

二、试剂

（1）碳酸钠（无水）。

（2）盐酸（ρ1.19g/mol）。

（3）盐酸（1＋4）。

（4）盐酸（5＋95）。

（5）硝酸（ρ1.42g/mL）。

（6）硝酸（2＋100）。

（7）高氯酸（ρ1.67g/mL）。

（8）高氯酸（1＋4）。

（9）氢氟酸（ρ1.15g/mL）。

（10）氨水（ρ0.90g/mL）。

（11）硝酸银溶液（1％）。

（12）碳酸钠溶液（1％）。

（13）氢溴酸溶液（40％）。

（14）过氧化氢（1+9）。

（15）邻苯二甲酸氢钾（基准试剂）。

（16）硝酸铵溶液（30％）。

（17）氯化铁溶液（含铁0.3％）　称取0.3g纯铁，加15mL盐酸溶解，加数滴硝酸使铁氧化，煮沸，冷却，用水稀释至100mL。

（18）高氯酸亚铁溶液　称取1g纯铁（或还原铁粉），加20mL高氯酸，低温加热溶解（如有少量残渣，用中速滤纸过滤，水洗），冷却至室温，移入100mL容量瓶中，以水稀释至刻度，混匀（亚铁实际浓度应不低于0.97％）。

（19）钼酸铵溶液　称取40g结晶钼酸铵溶于300mL温水和80mL氨水中，冷却，在搅拌下分数次徐徐倾入600mL硝酸（1+1）中。

（20）去二氧化碳水　将水煮沸15min，冷却，用适当方法防止再吸收二氧化碳。

（21）甲基红溶液（0.2％）　溶解0.2g甲基红于90mL乙醇中，以水稀释至100mL，混匀。

（22）酚酞溶液（0.5％）　溶解0.5g酚酞于90mL乙醇中，用水稀释至100mL，混匀。

（23）氢氧化钠标准溶液（$c=0.1mol/L$）。

（24）硝酸标准溶液（$c=0.1mol/L$）。

三、操作步骤

称取0.5g试样，放于250mL烧杯中，加25mL盐酸，低温加热1h。加5mL硝酸，再加10mL高氯酸，继续加热至产生浓厚的高氯酸白烟，并回流5～10min，取下冷却后，加10mL盐酸、40mL热水，用中速定量滤纸过滤，用擦棒擦净烧杯，用热盐酸（5+95）洗涤烧杯和沉淀至无氯化铁的黄，再用热水洗至无氯离子（用硝酸银溶液检查），滤液和洗液收集于300mL烧杯中，并加热浓缩，作为主液保存。

滤纸连同残渣移入铂坩埚中，灰化，在800℃左右灼烧10～20min，冷却，加水润湿残渣，加1～2mL高氯酸、5mL氢氟酸，低温加热，蒸发至冒尽高氯酸白烟，冷却，加3g碳酸钠，从低温（约700℃逐渐升温至900～950℃熔融10～20min），取出摇动坩埚，使熔融物均匀附于坩埚壁，冷却后，置于300mL烧杯中，加50mL盐酸，加热浸取，并用热水洗出坩埚。

将残渣处理所得溶液稀释至100mL，加10mL氯化铁溶液，搅拌下滴加氨水至溶液呈弱碱性，加热煮沸约1～2min，静置待沉淀下降，用快速滤纸过滤，用热水洗涤烧杯4次，洗沉淀10～12次，弃去滤液和洗液。

将盛主液烧杯接于漏斗下，用约50mL热盐酸，分次溶解烧杯和漏斗中的沉淀，并洗至无氯化铁的黄色，弃去滤纸，滤液加热浓缩至产生浓厚的高氯酸白烟并回流约2～3min，取下冷却，加约50mL热水，溶解可溶盐类，移入500mL锥形瓶中，用水稀释至约80mL，冷却至室温。

用氨水中和至少量氢氧化铁沉淀出现，再滴加硝酸至沉淀刚好溶解并过量5mL，加10mL硝酸铵溶液，加100mL钼酸铵溶液，将锥形瓶浸入50℃水浴中15min取出，加塞剧烈摇动3min，室温静置2h，使磷钼酸铵沉淀完全（磷含量较低时，需静置过夜）。

将沉淀用铺有一定厚度纸浆（约相当于一张半11cm定量滤纸）的漏斗进行减压过滤，用硝酸（2+100）洗锥形瓶3～4次，沉淀2～3次（用约60mL洗涤液）。然后，用去二氧化碳水（水温应不高于30℃）洗锥形瓶和沉淀至无游离酸（收集5mL洗涤液，加1滴酚酞指示剂，1滴氢氧化钠标准溶液至浅红色不消失）。

最后所得沉淀及滤纸浆一并放回原锥形瓶中，加100mL去二氧化碳水（水温应低于30℃，摇动使纸浆散开，准确加入氢氧化钠标准溶液充分摇动，使黄色沉淀溶解，并过量5～10mL，加3～4滴酚酞溶液，用硝酸标准溶液滴定至红色恰好消失为终点。

四、数据处理

按下式计算磷的质量分数：

$$w(P) = \frac{(c_1 V_1 - c_2 V_2) \times 0.001291\,g/mmol}{m} \times 100\%$$

式中　c_1——氢氧化钠标准溶液的浓度，mol/L；

　　　V_1——加入氢氧化钠标准溶液体积，mL；

　　　c_2——硝酸标准溶液的浓度，mol/L；

　　　V_2——消耗硝酸标准溶液体积，mL；

0.001291——1mmol氢氧化钠标准溶液相当于磷的质量；

　　　m——试样量，g；

　　$w(P)$——磷的质量分数，%。

五、测定允许误差

测定结果允许误差见表4-9。

表4-9　测定结果允许误差

磷含量/%	标准允许误差/%	试样允许误差/%
0.03～0.050	±0.002	0.003
>0.050～0.100	±0.004	0.005
>0.100～0.500	±0.007	0.010
>0.500～1.000	±0.011	0.016
>1.000～2.000	±0.014	0.020
>2.000～3.000	±0.018	0.025

🖋 方法讨论

（1）一般试样粒度应小于100μm，如试样中结合水或易氧化物质含量高时，粒度应小于60μm。

（2）溶液中含砷量大于0.2mg时，在产生高氯酸白烟后取下冷却，加盐酸和10mL氢氟酸，不盖表面皿继续加热至浓烟并回流约5～10min，取下冷却。以下同分析步骤。

（3）含钡高的试样在将盛熔融物的坩埚放入300mL烧杯后，加100mL热水浸取熔融物，擦净并洗出坩埚。用中速滤纸加纸浆过滤，以碳酸钠溶液（1%）洗烧杯4次，洗沉淀10～12次。弃去滤纸及沉淀口滤液和洗液收集在300mL烧杯中，加1～2滴甲基红溶液，滴加盐酸使呈酸性并过量2～3mL。以下同分析步骤。

（4）对含铌试样，将高氯酸烟回流时间改为约10min。

试样含锰量高时，在用50mL热水溶解可溶盐类时可能出现二氧化锰沉淀。可加几滴过氧化氢，加热煮沸溶解。如仍有沉淀，则需用中速定量滤纸加纸浆过滤，以热硝酸（2+100）洗烧杯4次，洗沉淀10~12次，滤液和洗液收集于500mL锥形瓶中，加热蒸发至约80mL，冷却至室温。以下同分析步骤。

（5）试液含钒在2mg以下时，在加10mL硝酸铵溶液后，须加5mL高氯酸亚铁溶液，摇动，使钒还原，冷却至30℃以下，然后加100mL钼酸铵溶液，充分摇动5min，于20~30℃静置2h或过夜，使磷钼酸铵沉淀完全。以下同分析步骤。

（6）本标准适用于铁矿石、铁精矿、烧结矿和球团矿中磷含量的测定。测定范围0.030%~3.000%。

知识补充

铋磷钼蓝光度法测定磷量

一、原理介绍

试样用盐酸、硝酸、氢氟酸分解，高氯酸冒烟赶氟，不溶残渣过滤、灰化、灼烧后，用碳酸钠熔融，盐酸溶解，高氯酸冒烟与主液合并。

在硫酸介质中磷与铋及钼酸铵生成配合物，继以抗坏血酸还原为钼蓝。在波长700~800nm处，测量其吸光度。

显色液中存在二氧化钛20mg、锰10mg、钴2mg、铜10mg、四价钒0.5mg、镍3mg、六价铬3mg、铈10mg、铁50mg、锆5mg对测定无影响。砷在处理试样时可用氢溴酸消除。

试样中五氧化二铌含量在0.3%以下无干扰。

二、试剂

（1）碳酸钠　无水。

（2）盐酸（$\rho 1.19\text{g/mL}$）。

（3）硝酸（$\rho 1.42\text{g/mL}$）。

（4）氢氟酸（$\rho 1.15\text{g/mL}$）。

（5）硫酸（$\rho 1.84\text{g/mL}$）。

（6）硫酸（1+1）。

（7）高氯酸（$\rho 1.67\text{g/mL}$）。

（8）过氧化氢（3%）。

（9）抗坏血酸溶液（2%）。

（10）氢溴酸-盐酸混合液（1+1）。

（11）钼酸铵溶液（3%）。

（12）硝酸铋溶液　称取4g金属铋或称取9.30g硝酸铋，加25mL硝酸，加热溶解后，加水约100mL，煮沸驱除氮氧化物，加100mL硫酸（1+1），冷至室温，移入1000mL容量瓶中，用水稀释至刻度，混匀。此溶液含1mL含4.00mg铋。

（13）磷标准溶液　称取0.2196g预先在105~110℃烘干至恒重的磷酸二氢钾（基准试剂），溶于水中，加5mL硫酸（1+1），冷却至室温，移入500mL容量瓶中，以水稀释至刻度，混匀。此溶液1mL含100.0μg磷。

移取 50mL 上述磷标准溶液，置于 500mL 容量瓶中，用水稀释至刻度，混匀。此溶液 1mL 含 10.0μg 磷。

三、操作步骤

1. 试样的分解

称取 0.5000～1.0000g 试样置于聚四氟乙烯烧杯中，用水湿润，加 25mL 盐酸，低温加热溶解 1h，加 5mL 硝酸，在微沸下加热 30min。滴加 1～5 氢氟酸，最好定量加入，再慢慢加入 10mL 高氯酸，继续加热至冒高氯酸白烟 3～5min，取下，移入 250mL 烧杯中，继续蒸发至湿盐状，冷至室温，加 10mL（1+1）硫酸、50mL 水，轻轻搅拌，加热溶解可溶性盐类［若有二氧化锰沉淀出现，可滴加 1～2 滴过氧化氢（3%）煮沸 2min］。如确认无残渣，可再加入 10mL 硫酸（1+1），移入 250mL 容量瓶中，稀释至刻度，混匀。

2. 分液及处理

按照表 4-10 分取试液 2 份，补加硫酸，及选择比色皿和工作曲线。

表 4-10　分液及工作曲线选择

磷含量/%	分取试液量/mL	相当试样量/mg	补加硫酸量/mL	比色皿/cm	工作曲线
0.01～0.03	25	100.0	0	2	I
>0.03～0.10	25	50.0	0	1	II
>0.10～0.25	10	20.0	1.20	1	II
>0.25～0.50	5	10.0	1.60	1	II

分取试液 2 份，分别置于 100mL 烧杯中。按照表 4-10 补加硫酸，加 5mL 氢溴酸-盐酸、1mL 高氯酸，低温加热至冒高氯酸白烟，取下，冷至室温，用水吹洗杯壁，继续加热冒高氯酸白烟，取下，冷却，加 15mL 水，加热溶解盐类并蒸发至约 10mL，分别移入 50mL 容量瓶中，以备显色用。如确认无砷，可不赶砷。则按表 4-10 分取试液 2 份，分别于 50mL 容量瓶中，补加硫酸，按以下方法进行。

3. 显色、测量

显色溶液：于一份试液中加 2.5mL 硝酸铋溶液（室温低于 15℃，可在水浴中加热至 25℃左右）加 5mL 钼酸铵溶液于试液中（勿注于瓶壁），混匀，加入 5mL 抗坏血酸溶液，混匀，用水稀释至刻度，混匀。

参比溶液：另一份试液中加 5mL 抗坏血酸溶液，用水稀释至刻度，混匀。室温下放置 20min，将部分溶液移入比色皿中，于分光光度计，波长 700～800nm 处，以各自的参比溶液为参比，测量其吸光度，减去随同试样所做空白试验的吸光度。从工作曲线上查出相应的磷量。

工作曲线的绘制：移取 0.00、1.00mL、2.00mL、3.00mL、4.00mL、5.00mL、6.00mL 磷标准溶液分别置于 7 个 50mL 容量瓶中，加 2mL 硫酸（1+1），以下同试样显色操作。室温下放置 20min，将部分溶液移入 2cm 比色皿中，于分光光度计，波长 700～800nm 处，以水为参比，测量其吸光度，减去试剂空白的吸光度，以磷量为横坐标，吸光度为纵坐标，绘制工作曲线。

四、数据处理

按下式计算磷的质量分数：

$$w(\mathrm{P}) = \frac{m_1 V}{m V_1 \times 10^6} \times 100\%$$

式中　m_1——从工作曲线上查得的磷量，μg；

　　　m——试样质量，g；

　　　V——试液总体积，mL；

　　　V_1——分取试液体积，mL；

　$w(\mathrm{P})$——磷的质量分数，%。

五、测定允许误差

测定结果允许误差见表 4-11。

表 4-11　测定结果允许误差

磷量/%	标样允许误差/%	试样允许误差/%
0.010~0.100	±0.002	0.003
0.100~0.200	±0.006	0.008
0.200~0.500	±0.011	0.015

💡 方法讨论

（1）本方法适用于铁矿石、铁精矿、烧结矿和球团矿中磷量的测定。测定范围：0.01%~0.50%。

（2）如有残渣将上述试液用慢速滤纸加纸浆过滤入 250mL 容量瓶中，用热水洗涤烧杯，擦棒擦洗烧杯，将残渣全部移到滤纸上，用热水洗净滤纸和残渣，把滤液和洗液作为主液保存。

将滤纸和残渣置于铂坩埚中，烘干，灰化，于 800~900℃ 高温炉中灼烧 10min，取出，待坩埚冷至室温，加入 2g 碳酸钠（不溶残渣多时可多加些碳酸钠）于高温炉中，开始慢慢加热，然后于 900~1000℃ 完全熔融残渣（在熔融过程中摇动一次）。坩埚冷却后，置于 250mL 烧杯中，向坩埚内加入 10mL 热水、5mL 盐酸，慢慢溶解熔融物，洗出坩埚，加 5mL 高氯酸，加热至冒高氯酸白烟，并蒸发至湿盐状，取下冷至室温，加入 10mL 硫酸（1+1）、30mL 水，加热溶解盐类，过滤，溶液并入主液，用水稀释至刻度，混匀。

项目三　矿物的简易化学试验

矿物的简易化学试验为一种快速、灵敏的化学定性方法。一般是利用简单的化学试剂对矿物中的主要化学成分或某些物理性质进行检验，配合矿物的外表特征和其他镜下资料初步鉴定矿物。

简易化学试验方法很多，这里主要介绍吹管分析法、粉末研磨法、显微结晶化学分析法、磷酸溶矿法及染色法等。

在了解各种方法的基本原理及操作步骤的基础上，多操作、多运用、多对比是熟练掌握各种试验方法的重要途径。

一、吹管分析法

吹管分析是借助吹管工具进行人工吹气使酒精火焰温度提高到 1000℃ 以上，借此可以促进矿物试样分解并顺利地进行物理或化学作用，从而达到鉴定矿物的目地。

吹管火焰和普通火焰一样，分三部分（内焰、还原焰、氧化焰）。稳定的、持续的吹管火焰中的氧化焰和还原焰是使实验准确、快速进行的首要条件。也就是说，吹管火焰的稳定程度与试验效果有着十分密切的关系。为此，初学者必须不断地练习用两腮肌肉压气、自然地吹气和换气。

利用吹管鉴定矿物的方法很多，现择要介绍一些行之有效的方法。

1. 珠球反应（或称硼砂或磷盐珠球染色反应）

（1）原理介绍　利用含变价金属元素（Fe，Mn，Cr，Ni，V，Ti，Co…）的矿物与硼砂（或磷盐）的作用，形成硼酸盐（或磷酸盐），通过在氧化焰中氧化，在还原焰中还原之后，能呈现出不同的颜色来鉴定矿物。

（2）操作步骤　将烧红的铂丝或硬铅笔芯沾上硼砂（或磷盐）失水变成乳白色小球之后，至于火焰中吹成透明的小球（此称为珠球）。若珠球粒径过小，则可依上述反复操作，直到具有米粒大小的球即可。用水沾湿硼砂珠球（或将珠球烧红）后立即去沾事先已砸碾成粉末的试样，分别置于吹管氧化和还原焰中进行反应（反应时能观察到珠球翻滚现象），直到反应作用完毕（即停止翻滚），即可取出珠球，观察颜色。

注意事项：

① 沾上的矿粉要细，且用量要很少；

② 将珠球放准位置，火焰必须保持稳定、连续不断；

③ 进行硫化物或砷化物试验时，不能直接用铂丝，以免产生硫（砷）化铂而使铂丝损坏。这样易损坏铂丝；

④ 观察完毕后，可将染色珠球加热到熔化，用手指慢慢弹去，切勿用手硬拉或锤砸，这样已损坏铂丝。

反应结果：表 4-12 中列出了某些元素的珠球反应结果，供查阅用。

表 4-12　硼砂珠球和磷盐珠球反应

元素	用量	硼砂珠球反应				磷盐珠球反应			
		氧化焰		还原焰		氧化焰		还原焰	
		珠球热时	珠球冷时	珠球热时	珠球冷时	珠球热时	珠球冷时	珠球热时	珠球冷时
Mn	少量	紫色	红紫色	无色	无色	灰紫色	紫色	无色	无色
Cr	少量-中等	黄色	黄绿色	绿色	绿色	黄色	黄绿色	绿色	绿色
Fe	少量-中等	黄色	无色	绿色	浅绿色	褐红色	黄色	黄红色	无色
Co	少量-中等	蓝色	蓝色	蓝色	蓝色	蓝色	蓝色	蓝色	蓝色
Ni	少量-中等	紫色	红褐色	灰色不透明	灰色不透明	褐红色	黄红色	红色	黄红色
Cu	少量-中等	绿色	天蓝色	浅绿色	红色	绿色	天蓝色	浅绿色	无色
Ti	中等	浅黄色	无色	微灰色	褐紫色	浅黄色	无色	灰绿色	褐紫色
Mo	大量	浅黄色	无色	褐色	褐色	黄绿色	无色	褐绿色	纯绿色

2. 硝酸钴试验

（1）原理介绍　含有 Al、Mg、Zn、Sn 元素的浅色矿物，通过氧化焰作用，形成氧化物后再与稀硝酸钴溶液作用，形成具有颜色的钴盐。

（2）操作步骤　用镊子夹住具有尖薄菱角状的矿块，在吹管氧化焰下对矿块菱角进行煅烧，使其成为松散状后，在其上加一滴稀硝酸钴溶液，此时可能出现蓝色或黑色，这不是反应结果，需要在氧化焰下煅烧后取出，冷却后观察矿块受煅烧部位的颜色。

反应结果：

Al——蓝色（$Al_2O_3 \cdot Co_2O_3$）

Mg——肉红色（$MgO \cdot Co_2O_3$）

Zn——绿色（$ZnO \cdot Co_2O_3$）

3. 焰色反应（或称火焰染色）

（1）原理介绍　有些金属，特别是碱金属、碱土金属的化合物，在氧化焰作用下，形成挥发性化合物，而使火焰染色。

（2）操作步骤　用镊子夹住矿块（或矿物薄片）在普通酒精灯火焰中烧之，有些易分解的矿物可使火焰染成颜色，有些较难分解的矿物，则需在吹管氧化焰下燃之才能使火焰染色；还有一些矿物则需加上一滴盐酸后再置于火焰中烧之使火焰呈色。在观察焰色反应时要注意力集中，因为有的焰色持续时间较长，也有不少矿物的焰色反应只是瞬息间一闪而过。

反应结果见表4-13。

表 4-13　元素火焰染色

元素	火焰颜色	备　注
Li	暗红	煅烧后没有碱性反应(Sr 不同)；出现早、不持久；隔绿色玻璃即看不到火焰染色
Sr	红	煅烧后呈现碱性反应(与 Li 不同)；鲜艳、持久、但需反复加 HCl 强烧；隔绿色玻璃观察时，火焰好像浅蓝色
Cu	绿(CuO) 蓝(CuCl)	强烈；用 HCl 湿润后变天蓝色
Na	黄	隔蓝玻璃时看不到染色
K	紫	需加 HCl 湿润；隔蓝玻璃时火焰似染成绛红色
Ca	转红	用 HCl 湿润后染色强烈，透过绿玻璃似为绿色
B	绿	加酒精(生成硼酸乙酯)后鲜艳
Mo	黄绿	煅烧后无碱性反应
Ba	绿	出现晚，需反复加 HCl，烧后呈现碱性反应
P	蓝绿	加浓 H_2SO_4 湿润后染色明显
S	蓝	火焰微弱，同时有硫臭

4. 在闭管中的反应（闭管试验）

（1）原理介绍　某些含有升华元素（S、As、Hg 等）及水（H_2O、OH）的矿物，在空气不很畅通或封闭状态下加热（即在闭管中加热）后，能在管壁上冷却凝结其升华物或水珠，前者可根据其颜色和形态帮助鉴定矿物。

（2）操作步骤　将矿物置于闭管，用镊子夹住闭管，倾斜一定角度置于酒精灯火焰上加热。

注意事项：

① 在做试验前，务必将空闭管先加热使其中的水蒸气全部排除出去；

② 用折叠成窄条状的纸片将试样送入闭管底部以保持管壁清洁；

③ 对于含水矿物来说，由于水在晶体结构中牢固程度不同，所以受热后放水的速度及数量均会有所不同，因此进行试验时，对矿物颗粒的大小及加热程度都有所选择，必要时可在吹管火焰中进行。

5. 熔度试验

由于矿物的成分及内部结构均有所不同，它们在高温条件下被熔化的难易程度（称为熔度，用 F 表示）也有所不同，因此这种试验在鉴定矿物方面能起一定的作用。同种矿物，由于形成条件不同，混入物也有差异，熔度也会有些变化。

按矿物熔化的相对难易程度，将矿物的熔度分为七级，每级的代表及划分标志如下：

F_1　辉锑矿　甚至大块矿物在普通烛焰中也易熔化；

F_2　黄铜矿　薄片在烛焰中能熔化；

F_3　铁铝榴石　厚块只能在吹管火焰中熔成小球；

F_4　阳起石　薄块在吹管火焰中能熔成圆头；

F_5　正长石　尖锐的碎块在吹管中勉强能烧圆；

F_6　古铜辉石　只有经过强烈的、长久的吹管火焰煅烧后才能使尖锐边缘熔化；

F_7　石英　完全不熔。

6. 碱性反应

（1）原理介绍　含碱金属、碱土金属元素的碳酸盐、硫酸盐、卤化物及某些铝硅酸盐（钠沸石）矿物，在氧化焰中分解成为碱金属、碱土金属的氧化物，加水后呈氢氧化物，而使红色试纸变蓝（碱性反应）。

（2）操作步骤　用镊子夹住矿块，在氧化焰中烧成松散状后，置于已被蒸馏水浸湿的红色试纸上，此时试纸立即变蓝。

注意事项：

① 保持水、试纸、镊子的清洁；

② 易发生解离的矿物加热时要缓慢，或先在酒精灯中加热后，再移置吹管火焰之中。

7. 酸性反应

（1）原理介绍　硫化物在吹管氧化焰作用下氧化，在水溶液中形成游离的硫酸，呈现酸性，使蓝色试纸变成红色。

（2）操作步骤及注意事项同碱性反应。

8. 木炭上薄膜反应

（1）原理介绍　含有易挥发元素的矿物，在吹管氧化焰的作用下，形成有色氧化薄膜附着在木炭的表面，通过有色薄膜及所伴随的烟、气味、光等现象来鉴定矿物中所含的元素。

（2）操作步骤

① 将木炭磨成一个平面，再在一端挖一个样坑；

② 选出欲试验的矿物，砸成粉末；

③ 将矿粉置于样坑中压紧，在吹管氧化焰中加热。为使温度逐渐增高，以便区别生成被膜的难易程度，吹火用力程度应由轻转重，为使木炭多留下一些被膜，需注意木炭的倾斜角度（与水平面交成 $30°\sim45°$ 左右较合适）。

反应结果见表 4-14。

表 4-14 反应结果

元素	被膜成分	被膜颜色	被膜位置	伴随的现象
As	As_2O_3	白色薄层	试样远处	稀薄烟及蒜臭味
Sb	Sb_2O_8	浓白色、边缘带蓝色	试样附近	浓密的烟味
Bi	Bi_2O_3	白色微黄 天鹅绒红色	试样附近	
	BiI_3(矿粉加 KI+S 试剂)	白微黄绿色	试样远处	
Pb	PbO(矿粉加 KI+S 试剂)	黄绿色	试样附近	
	PbI_2	白色	试样附近	
Zn	ZnO	绿色	试样附近	
	(Zn,Co)O(矿粉经氧化后,再在 ZnO 上加弱硝酸试液)		试样附近	

9. 硫酐反应

（1）原理介绍　用于鉴定硫化物及硫酸盐中的硫。使通过含硫矿物中的硫，在还原条件下和苏打（Na_2CO_3）中的钠相结合，形成可溶于水的硫化钠（Na_2S）的熔融物，将此物置于银币上，加上一滴水，则立即在银币上形成 Ag_2S 的褐色斑点（此称硫酐）。以此证明硫的存在。

$$MeS + Na_2CO_3 \longrightarrow Na_2S + MeCO_3$$
$$2Na_2S + 2H_2O + 4Ag + O_2 \longrightarrow 2Ag_2S\downarrow + 4NaOH$$

（2）操作步骤

① 将矿粉和 3 倍于矿粉数量的 Na_2CO_3 拌匀后置于木炭小圆坑中；

② 用吹管还原焰熔化上述试样；

③ 取出熔融物中的一小粒置于银币上；

④ 加一滴水后立刻观察银币上是否出现褐色斑点（Ag_2S），如有发现，证明矿物中含硫。此时应立即用手加水或去污粉擦掉此斑痕，否则，时间久之斑痕将不易擦掉。

注意事项：对于硫酸盐矿物，在木炭中熔融的时间需要稍长一些，这样才能达到分解的目的。

10. 硅胶反应

（1）原理介绍　用于鉴定硅酸盐中的 SiO_2，是利用硅酸盐在酸中（HCl、HNO_3、王水）缓慢加热、煮沸，形成棉絮状或胶冻状的 $SiO_2 \cdot nH_2O$ 现象来确定 SiO_2 组分的存在。

（2）操作步骤

① 把矿粉在玛瑙乳钵中碾成粉末（越细越好），然后将粉末置于试管中（矿粉数量约占试管高度的 1/5～1/4），加入约三倍体积于矿粉的盐酸后，缓慢加热使其出现胶冻状或棉絮状为止。

② 对于某些难分解的硅酸盐矿物，用上述直接法不能获得硅胶，必须首先将矿物取出研细，再按直接法步骤进行，可获得硅胶。

注意事项：装有试样的试管在酒精灯火焰中务必徐徐加热，管口千万勿对别人或自己，以免溶液喷出伤人或腐蚀衣物。为保证用微火加热的条件，事先可将灯芯拧小、压低。

二、粉末研磨法

1. 原理介绍

本方法是利用固体物质之间所进行的反应作为分析基础，依据试样和试剂相互作用后所呈现的颜色来鉴定元素或矿物。

引起反应的主要因素是：

（1）机械研磨——破坏矿物，增大颗粒表面结合力，由此产生的热量起着促进反应进行的作用。

（2）空气中水分子的作用——颗粒吸收空气中的水分，在颗粒表面形成一层水化膜，加快反应的速率。矿物中含有结晶水或研磨时哈气，都有助于反应的进行。

2. 操作步骤

（1）取少量矿粉和少量试剂于小瓷杯中，用玻璃棒用力研磨，同时哈气，观察呈现出的颜色。

（2）如不显色，可加一滴蒸馏水或加少许酸（如 HCl、H_2SO_4 等），或徐徐加热以促进化合物分解、化合。

三、磷酸溶矿法

1. 原理介绍

利用矿物在磷酸中溶解，将全部元素转入溶液中，使溶液呈色或与试剂反应呈色的现象来鉴别矿物中的某种元素存在与否。由于同种元素的电价有所不同，溶液呈色也可以不同，从而还能了解矿物中某些元素的价态。

2. 操作步骤

（1）用乳钵磨细样品，装入试管，加进磷酸。

（2）在酒精灯上加热溶矿。注意逐渐增温以免正磷酸脱水，生成偏磷酸，形成白色胶状物质，影响试验进行。在加热过程中要经常摇动试管并注意防止试液外喷。

（3）若需要加水稀释时，需等试管不烫手以后才加水。

（4）对难溶矿物可以加入少许铵盐。

四、显微结晶化学分析法（简称微化分析法）

1. 原理介绍

方法属微量分析方法之一，是利用试样与试剂（液体、固体）作用产生沉淀，通过显微镜观察其晶形、颜色甚至某些光学性质来鉴定矿物中的某些元素。

2. 操作步骤

（1）选样、细磨矿粉；

（2）置少量矿粉于玻璃片上或试管内，加酸溶解；

（3）冷却后在溶液中加某些溶剂，再溶解；

（4）取一滴试液于玻璃片上，再取一滴试剂于其邻旁，用牙签轻轻沟通两液，产生沉淀；

（5）在显微镜下观察晶形和颜色等特征。

五、染色法

1. 原理介绍

某些矿物遭受破坏并溶于某些试液（如 HCl、KOH、HNO_3、$FeCl_3$ 等）中后，能够使其中某些元素的离子还原成单体状态或形成水合物等，它们把矿物包围起来，形成呈色薄膜，据此可以帮助鉴定矿物。

本方法所呈现出来的矿物表面薄膜颜色很明显，而且又为一定矿物所特有，故是一种很有前途的简易化学实验方法。

2. 操作步骤

由于不同矿物染色方法有所不同，故其操作步骤也不完全相同，大致可分为以下几种。

(1) 将矿物在瓷板上划出条痕，在条痕上加一定试液后，观察薄膜颜色。

(2) 在矿物板上或薄片上加试液后观察其薄膜颜色。

(3) 将矿物颗粒置于锌板或铝板上加试液后观察其薄膜颜色。

(4) 矿物颗粒置于试管中加试液后，在不加热的情况下观察其薄膜颜色，再在加热后观察其薄膜颜色。

简易化学试验方法已有悠久历史，每种方法都有其精华，故一直沿用至今。它们对较粗粒矿物中的某些主要元素能起定性作用，但由于各种方法本身的局限性，故只能作为肉眼鉴定矿物的补充。

常用化学试剂见表 4-15。

表 4-15　常用化学试剂

试剂名称	化学式	试剂名称	化学式
盐酸	HCl	氯化铁	$FeCl_3 \cdot 6H_2O$
硝酸	HNO_3	碘化钾	KI
硫酸	H_2SO_4	硫黄粉	S
磷酸	H_3PO_4	高锰酸钾	$KMnO_4$
醋酸	CH_3COOH	赤血盐	$K_3Fe(CN)_6$
双氧水	H_2O_2	黄血盐	$K_4Fe(CN)_6$
酒精	C_2H_5OH	碳酸铵	$(NH_4)_2CO_3$
氨水	NH_4OH	茜素	$C_{14}H_8O_4$
硼砂	$Na_2B_4O_7$	二甲基乙二醛肟	$C_4H_8O_2N_2$ 1% 的酒精溶液
磷盐	$NaNH_4HPO_4 \cdot H_2O$	1,2,5,8-四羟蒽醌	$(HO)_2C_6H_2(CO)_2C_6H_2(OH)_2$
过氧化钠	Na_2O_2	镁试剂	
金属锡	Sn	亚硝酸钴钠	$Na_3[Co(NO_2)_6]$ 亚硝酸钠：硝酸钴：水 $=21:29:100$
金属锌	Zn		
钼酸铵	$(NH_4)_2MoO_4$	氯化铯	CsCl
碳酸钠	Na_2CO_3	氢氧化钾	KOH
氢氧化钠	NaOH		
硝酸钴	$Co(NO_3)_2 \cdot H_2O$	乙酸铅	$Pb(C_2H_3O_2)_2 \cdot 3H_2O$

习题

1. $K_2Cr_2O_7$ 为什么可以直接称量配制准确浓度的溶液?

2. 分解铁矿石时,为什么要在低温下进行? 如果加热至沸会对结果产生什么影响?

3. 本实验中甲基橙起什么作用?

4. $K_2Cr_2O_7$ 法测定铁含量时,滴定前为什么要加入 H_3PO_4? 加入 H_3PO_4 后,为什么要立即滴定?

5. 为什么 $SnCl_2$ 溶液必须趁热滴加,而加 $HgCl_2$ 溶液却需要冷却,且要一次加入。

 阅读知识

铁矿石的分类

各种含铁矿物按其矿物组成,主要可分为 4 大类:磁铁矿、赤铁矿、褐铁矿和菱铁矿。由于它们的化学成分、结晶构造以及生成的地质条件不间,因此各种铁矿石具有不同的外部形态和物理特性。

1. 磁铁矿

其化学式为 Fe_3O_4,其中 $w(FeO)=31\%$,$w(Fe_2O_3)=69\%$,理论含铁量为 72.4%,这种矿石有时含有 TiO_2 及 V_2O_5 组合复合矿石,分别称为钛磁铁矿或矾钛磁铁矿。在自然界中纯磁铁矿石很少遇到,常常由于地表氧化作用使部分磁铁矿氧化转变为半假象赤铁矿和假象赤铁矿。所谓假象赤铁矿就是磁铁矿(Fe_3O_4)氧化成赤铁矿(Fe_2O_3),但它仍保留原来磁铁矿的外形,所以叫做假象赤铁矿。

磁铁矿具有强磁性,晶体常成八面体,少数为菱形十二面体。集合体常成致密的块状,颜色条痕为铁黑色,半金属光泽,相对密度 4.9~5.2,硬度 5.1~6,无解理,脉石主要是石英及硅酸盐。还原性差,一般含有害杂质硫和磷较高。

2. 赤铁矿

赤铁矿为无水氧化铁矿石,其化学式为 Fe_2O_3,理论含铁量为 70%。这种矿石在自然界中经常形成巨大的矿床,从埋藏和开采量来说,它都是工业生产的主要矿石。

赤铁矿含铁量一般为 $50\%\sim60\%$,含有害杂质硫和磷比较少,还原较磁铁矿好。因此,赤铁矿是一种比较优良的炼铁原料。

赤铁矿有原生的,也有野生的,再生的赤铁矿的磁铁矿经过氧化以后失去磁性,但仍保存着磁铁矿的结晶形状的假象赤铁矿,在假象赤铁矿中经常含有一些残余的磁铁矿。有时赤铁矿中也含有一些赤铁矿的风化产物,如褐铁矿($2Fe_2O_3 \cdot 3H_2O$)。

赤铁矿具有半金属光泽,结晶者硬度为 5.5~6,土状赤铁矿硬度很低,无解理,相对密度 4.9~5.3,仅有弱磁性,脉石为硅酸盐。

3. 褐铁矿

褐铁矿是含水氧化铁矿石,是由其他矿石风化后生成的,在自然界中分布得最广泛,但矿床埋藏量大的并不多见。其化学式为 $nFe_2O_3 \cdot mH_2O$（$n=1\sim3$，$m=1\sim4$）。褐铁矿实际上是由针铁矿（$Fe_2O_3 \cdot H_2O$）、水针铁矿（$2Fe_2O_3 \cdot H_2O$）和含不同结晶水的氧化铁以及泥质物质的混合物所组成的。褐铁矿中绝大部分含铁矿物是以 $2Fe_2O_3 \cdot H_2O$ 形式存在的。

一般褐铁矿石含铁量为 $37\%\sim55\%$，有时含磷较高。褐铁矿的吸水性很强，一般都吸附着大量的水分，在焙烧或入高炉受热后去掉游离水和结晶水，矿石气孔率因而增加，大大改善了矿石的还原性。所以褐铁矿比赤铁矿和磁铁矿的还原性都要好。同时，由于去掉了水分相应提高了矿石的含铁量。

4. 菱铁矿

菱铁矿为碳酸盐铁矿石，化学式为 $FeCO_3$，理论含铁量 48.2%，在自然界中，有工业开采价值的菱铁矿比其他 3 种矿石都少。菱铁矿很容易被分解氧化成褐铁矿。一般含铁量不高，但受热分解出 CO_2 以后，不仅含铁量显著提高而且也变得多孔，还原性很好。

学习情境五
化学肥料产品分析

项目一 复合肥料分析

 背景知识

肥料是具有增强土壤肥力，提供植物养分的物料，是促进植物生长和提高农作物产量的重要物质。人们用它改良土壤的物理、化学性质，提高农业作物、花卉、果木的产量。

作物必需的营养元素分为三类，即氮（N）、磷（P）、钾（K）是作物的主要营养元素；钙（Ca）、镁（Mg）、硫（S）是作物的次要元素；铜（Cu）、铁（Fe）、锌（Zn）、锰（Mn）、钼（Mo）、硼（B）、氯（Cl）是作物的微量元素。这些营养元素对于作物生长和成熟有着各自的营养作用和生理功能，是不可缺少和替代的。

肥料种类很多，根据其来源、存在状态、营养元素的性质等有多种分类方法。按来源分为自然肥料与化学肥料；按存在状态分为固体肥料与液体肥料；按组成分为有无机肥料与有机肥料；按其性质分为酸性肥料、碱性肥料与中性肥料；按所含有效元素分为氮肥、磷肥、钾肥；按照所含营养元素的数量分为单元肥料与复合肥料；按照发挥肥效速度分为速效肥与缓效肥等。

近年来，还迅速发展起了部分新型肥料，如叶面肥、微生物肥料。叶面肥又分含氨基酸叶面肥和微量元素叶面肥。含氨基酸叶面肥的主要分析检测项目有：氨基酸含量、微量元素（Fe、Mn、Cu、Zn、Mo、B）总量、水不溶物、pH 及有害元素（包括砷、镉、铅）。微量元素叶面肥的主要分析检测项目有：微量元素（Fe、Mn、Cu、Zn、Mo、B）总量、水分、水不溶物、pH 及有害元素（包括砷、镉、铅）。微生物肥料分为根瘤肥料、固氮菌肥料、磷细菌肥料、硅酸盐细菌肥料、复合微生物肥料。这类肥料的主要检测项目是有效活菌数和杂菌含量的测定。

任务书

任务名称	化学肥料分析
任务内容	1. 复合肥料中氮含量的测定 2. 复合肥料中磷含量的测定 3. 复合肥料中钾含量的测定 4. 复合肥料中水分含量的测定
工作标准	GB 15063—2009 复合肥料
知识目标	1. 掌握重量分析的基本原理 2. 掌握重量分析的相关计算 3. 掌握国家标准及相关要求
技能目标	1. 能够进行重量分析单位基本操作 2. 通过复合肥料中磷、钾含量的分析,运用重量分析知识,能够解读国家标准中磷含量测定的分析方案 3. 能够解读国家标准

国家标准

GB 15063—2009 复混肥料（复合肥料）

项　　目		指标		
		高浓度	中浓度	低浓度
总养分($N+P_2O_5+K_2O$)的质量分数[①]/%	≥	40.0	30.0	25.0
水溶性磷占有效磷百分率[②]/%	≥	60	50	40
水分(H_2O)的质量分数[③]/%	≤	2.0	2.5	5.0
粒度(1.00～4.75mm 或 3.35～5.60mm)[④]/%	≥	90	90	80
氯离子的质量分数[⑤]/%	未标"含氯"的产品 ≤	3.0		
	标识"含氯(低氯)"的产品 ≤	15.0		
	标识"含氯(中氯)"的产品 ≤	30.0		

① 产品的单一养分含量不应小于 4.0%,且单一养分测定值与标明值负偏差的绝对值不应大于 1.5%。

② 以钙镁磷肥等枸溶性磷肥为基础磷肥并在包装容器上注明为"枸溶性磷"时,"水溶性磷占有效磷百分率"项目不做检验和判定。若为氮、钾二元肥料,"水溶性磷占有效磷百分率"项目不做检验和判定。

③ 水分为出厂检验项目。

④ 特殊形状或更大颗粒（粉状除外）产品的粒度可由供需双方协议确定。

⑤ 氯离子的质量分数大于 30.0%的产品,应在包装袋上标明"含氯（高氯）",标识"含氯（高氯）"的产品氯离子的质量分数可不做检验和判定。

任务1 ▷ 复合肥料中氮含量的测定

复合肥料中氮通常以氨态（NH_4^+ 或 NH_3）、硝酸态（NO_3^-）、有机态（—$CONH_2$、—CN）3 种形式存在,它们的测定原理都是将其不同形式转化为铵态氮后蒸馏、吸收、滴定,最终测出复合肥中氮的含量。

🜂 技能操作

一、原理介绍（凯氏定氮法）

在硫酸铜存在下,使试样在浓硫酸中加热,酰胺态氮转化为氨态氮,蒸馏并吸收在过量的硫酸标准滴定溶液中,在指示液存在下,用氢氧化钠标准滴定溶液滴定。

$$CO(NH_2)_2 + H_2SO_4(浓) + H_2O \longrightarrow (NH_4)_2SO_4 + CO_2 \uparrow$$

$$(NH_4)_2SO_4 + 2NaOH \longrightarrow Na_2SO_4 + 2NH_3\uparrow + 2H_2O$$
$$2NH_3 + H_2SO_4 \longrightarrow (NH_4)_2SO_4$$
$$2NaOH + H_2SO_4(剩余) \longrightarrow Na_2SO_4 + 2H_2O$$

该法适用于不含硝态氮的有机氮肥中总氮含量的测定。主要用于由氨和二氧化碳合成制得的工农业用尿素总氮含量的测定。

二、试剂与仪器

（1）硫酸铜（$CuSO_4 \cdot 5H_2O$）。

（2）硫酸　分析纯。

（3）氢氧化钠溶液　450g/L，称量45g氢氧化钠溶于水中，稀释至100mL。

（4）甲基红　0.2%。

（5）亚甲基蓝　1%。

（6）乙醇　95%。

（7）混合指示液　甲基红-亚甲基蓝乙醇溶液，在约50mL 95%乙醇中，加入0.10g甲基红、0.05g亚甲基蓝，溶解后，用相同规格的乙醇稀释到100mL，混匀。

（8）硫酸标准滴定溶液　$c\left(\dfrac{1}{2}H_2SO_4\right) = 0.5\text{mol/L}$。

（9）氢氧化钠标准滴定溶液　$c(NaOH) = 0.5\text{mol/L}$。

（10）硅油。

（11）蒸馏仪器　如图5-1。最好带标准磨口的成套仪器或能保证定量蒸馏和吸收的任何仪器。蒸馏仪器的各部件用橡皮塞和橡皮管连接，或是采用球形磨砂玻璃接头，为保证系统密封，球形玻璃接头应用弹簧夹子夹紧。

三、操作步骤

1. 试样称量

准确称取约5g试样，精确到0.001g，移入500mL锥形瓶中。

2. 试液制备

在盛有试样的锥形瓶中，加入25mL水、50mL硫酸、0.5g硫酸铜，插上梨形玻璃漏斗，在通风橱内缓慢加热，使二氧化碳逸尽，然后逐步提高加热温度，直至冒白烟，再继续加热20min，取下，待冷却后，小心加入300mL水、冷却。把锥形瓶中的溶液定量地移入500mL容量瓶中，稀释至刻度，摇匀。

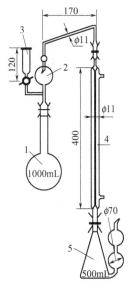

图5-1　蒸馏装置

1—蒸馏器；2—防溅球管；
3—滴液漏斗；4—冷凝管；
5—带双连球锥形瓶

从容量瓶中移取50.00mL溶液于蒸馏烧瓶中，加入约300mL水，几滴混合指示液和少许防爆沸石或多孔瓷片。用滴定管或移液管移取40.0mL硫酸标准溶液于接收器中，加水，使溶液能淹没接收器的双连球瓶颈，加4～5滴混合指示液。用硅油涂抹仪器接口，按图5-1装好蒸馏仪器，并保证仪器所有接收部分密封。

通过滴液漏斗往蒸馏烧瓶中加入足量的氢氧化钠溶液，以中和溶液并过量25mL，应当注意，滴液漏斗上至少存留几毫升溶液。

加热蒸馏，直到接收器中的收集量达到 $250\sim300mL$ 时停止加热，拆下防溅球管，用水洗涤冷凝管，洗涤液收集在接收器中。

3. 滴定

将接收器中的溶液混匀，用氢氧化钠标准滴定溶液返滴定过量的酸，直至指示液呈灰绿色，滴定时要仔细搅拌，以保证溶液混匀。

4. 空白试验

按上述操作步骤进行空白试验，除不加样品外，操作手续和应用的试剂与测定相同。

四、结果计算

试样中总氮含量以氮含量计，用质量分数表示，按下式计算：

$$w(N) = \frac{(V_1 - V_2) \times c \times M(N) \times 10^{-3}}{m \times \dfrac{50mL}{500mL}} \times 100\%$$

式中　V_1——滴定时消耗氢氧化钠标准溶液的体积，mL；

　　　V_2——空白试验时消耗氢氧化钠标准溶液的体积，mL；

　　　c——氢氧化钠标准溶液的浓度，mol/L；

　　　m——试样的质量，g；

　$M(N)$——N 原子的摩尔质量，14.01g/mol；

　$w(N)$——氮的质量分数，%。

五、允许误差

平行测定允许误差见表 5-1。

表 5-1　平行测定允许误差

同一化验室	不同化验室
≤0.3%	≤0.5%

知识补充

蒸馏法及甲醛法测定复合肥中氮的含量

一、蒸馏法

加入过量的浓 NaOH 溶液，使体系呈强碱性，加热，将 NH_3 蒸馏出来，用过量的 HCl 标准滴定溶液吸收。

$$(NH_4)_2SO_4 + 2NaOH(浓) \longrightarrow Na_2SO_4 + 2NH_3\uparrow + 2H_2O$$

$$NH_3 + HCl \longrightarrow NH_4Cl$$

剩余 HCl 标准溶液的量再用 NaOH 标准溶液滴定，以甲基红为指示剂，则试样中氮的含量为：

$$w(N) = \frac{(c_1V_1 - c_2V_2) \times 0.01401}{m} \times 100\%$$

式中　m——试样的质量，g；

c_1，c_2——酸与碱标准溶液的浓度，mol/L；

V_1，V_2——酸与碱标准溶液的体积，mL；

0.01401——与1.00mL氢氧化钠标准滴定溶液 $[c(NaOH)=1.00mol/L]$ 相当的以克表示的氮的质量。

二、甲醛法

将消化液用氢氧化钠中和至甲基红为黄色，加入甲醛将 NH_4^+ 转化为质子化六亚甲基四胺：

$$4NH_4^+ + 6HCHO \longrightarrow (CH_2)_6N_4H^+ + 3H^+ + 6H_2O$$

$$(CH_2)_6N_4H^+ + 3H^+ + 4OH^- \longrightarrow (CH_2)_6N_4 + 4H_2O$$

然后，以酚酞作指示剂，用 NaOH 标准溶液滴定，溶液由纯黄色变为金黄色即为终点。

任务 2 ⇨ 复合肥料中有效磷含量的测定

磷肥分析中磷含量的测定常用的方法有磷钼酸喹啉重量法、磷钼酸铵容量法和钒钼酸铵分光光度法。磷钼酸喹啉重量法准确度高，是国家标准规定的仲裁分析法。

💡 技能操作 ⸱⸱⸱

一、原理介绍——磷钼酸喹啉重量法（仲裁法）

用水、碱性柠檬酸铵溶液提取过磷酸钙中的有效磷，提取液中正磷酸根离子在酸性介质中与喹钼柠酮试剂生成黄色磷钼酸喹啉沉淀，经过滤、洗涤、干燥和称量所得沉淀，根据沉淀质量换算出五氧化二磷的含量。

正磷酸根离子在酸性介质中与钼酸根离子生成磷钼杂多酸。反应为

$$H_3PO_4 + 12MoO_4^{2-} + 24H^+ \longrightarrow H_3(PO_4 \cdot 12MoO_3)H_2O + 11H_2O$$

磷钼杂多酸

磷钼杂多酸属大分子杂多酸，它与小分子有机碱喹啉生成溶解度很小的大分子难溶盐，即磷钼酸喹啉黄色沉淀。

在定量分析中，常使磷酸盐在硝酸的酸性溶液中与钼酸盐、喹啉作用生成磷钼酸喹啉沉淀来进行磷的测定，反应按下式进行。

$$H_3PO_4 + 12MoO_4^{2-} + 3C_9H_7N + 24H^+ \longrightarrow (C_9H_7N)_3H_3(PO_4 \cdot 12MoO_3) \cdot H_2O \downarrow + 11H_2O$$

磷钼酸喹啉（黄色）

二、试剂与仪器

（1）硝酸。

（2）钼酸钠二水物。

（3）柠檬酸一水物。

（4）喹啉（不含还原剂）。

（5）丙酮。

（6）硝酸溶液（1＋1）。

（7）氨水溶液（2＋3）。

（8）喹钼柠酮试剂。

溶液Ⅰ：溶解 70g 钼酸钠二水物于 150mL 水中。

溶液Ⅱ：溶解 60g 柠檬酸一水物于 80mL 硝酸和 150mL 水的混合液中，冷却。

溶液Ⅲ：在不断搅拌下，缓慢地将溶液Ⅰ加到溶液Ⅱ中。

溶液Ⅳ：溶解 5mL 喹啉于 35mL 硝酸和 100mL 水的混合液中。

溶液Ⅴ：缓慢地将溶液Ⅳ加至Ⅲ中，混合后放置 24h 再过滤，滤液加入 280mL 丙酮，用水稀释至 1L，混匀，贮存于聚乙烯瓶中，放于避光、避热处。

（9）碱性柠檬酸铵溶液（又名彼得曼试剂）　1L 溶液中应含 173g 柠檬酸一水物和 42g 以氨形式存在的氮，相当于 51g 氨。

① 配制：用单标线吸管吸取 10mL 氨水溶液，置于预先盛有 400～450mL 水的 500mL 的量瓶中，用水稀释至刻度，混匀。从 500mL 瓶中用单标线吸管吸取 25mL 溶液两份，分别移入预先盛有 25mL 水的 250mL 锥形瓶中，加 2 滴甲基红指示液，用硫酸标准滴定溶液滴定到溶液呈红色。

② 1L 氨水溶液中，以氨的质量浓度表示的氮含量 $\rho(\mathrm{NH_3})$ 按下式计算：

$$\rho(\mathrm{NH_3}) = \frac{cV \times M(\mathrm{N})}{10\mathrm{mL} \times \dfrac{25\mathrm{mL}}{500\mathrm{mL}}}$$

式中　c——硫酸标准滴定溶液的浓度，mol/L；

　　　V——测定时，消耗硫酸标准滴定溶液体积，mL；

　$M(\mathrm{N})$——氮原子的摩尔质量，14.01g/mol；

　$\rho(\mathrm{NH_3})$——$\mathrm{NH_3}$ 的质量浓度，g/L。

③ 配制 V_1（L）碱性柠檬酸铵溶液所需氨水溶液体积 V_2（L），按下式计算：

$$V_2 = \frac{42V_1}{w(\mathrm{NH_3})} = \frac{42V_1}{cV \times 28.02} = \frac{1.5V_1}{cV}$$

式中　c——硫酸标准滴定溶液的浓度，mol/L；

　　　V——测定时，消耗硫酸标准滴定溶液的体积，mL。

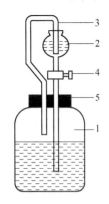

图 5-2　彼得曼试剂瓶
1—试剂瓶；2—分液漏斗；
3—氨气通至漏斗中的管子；
4—旋塞；5—瓶塞

按计算和体积（V_2）量取氨水溶液，将其注入试剂瓶中，瓶上应有欲配的碱性柠檬酸铵溶液体积的标线。仪器装置如图 5-2。

根据配制每升碱性柠檬酸铵溶液需要 173g 柠檬酸，称取计算所需柠檬酸用量，再按每 173g 柠檬酸需用 200～250mL 水溶解的比例，配制成柠檬酸溶液，经分液漏斗将溶液慢慢注入盛有氨水溶液的试剂瓶中，同时瓶外用大量冷水冷却，然后加水至标线，混匀，静置两昼夜后使用。

（10）硫酸标准滴定溶液 $c\left(\dfrac{1}{2}\mathrm{H_2SO_4}\right) = 0.1\mathrm{mol/L}$。

（11）甲基红指示液　2g/L，称取 0.2g 甲基红溶液溶解于 100mL 60%（体积分数）乙醇溶液中。

（12）玻璃坩埚式滤器　4 号（滤片平均滤孔 5～15μm），容积为 30mL。

（13）恒温干燥箱　能控制温度（180±2）℃。

三、操作步骤

1. 试样制备

（1）样品缩分　将每批所选取的样品合并在一起充分混匀，然后用四分法缩分至不少于500g，分装在两个清洁、干燥并具有磨口塞的广口瓶或带盖聚乙烯瓶中，贴上标签，注明生产日期、产品名称、批号、采样日期和采样人姓名。一瓶供试样制备，一瓶密封保存2个月以备查检。

（2）试样制备　在分析之前，应将所采一瓶样品粉碎至不超过2mm，混合均匀，用四分法缩分至100g左右，置于洁净、干燥瓶中，作质量分析之用。

2. 水溶性磷的提取

称取0.2～0.25g试样（精确至0.001g）置于75mL蒸发皿中，用玻璃研棒将试样研碎，加25mL重新研磨，将上层清液倾注过滤于预先加入5mL硝酸溶液的250mL容量瓶中，继续用水研磨3次，每次用25mL水，然后将水不溶物转移到滤纸上，并用水洗涤水不溶物至量瓶中溶液体积约为200mL左右为止，用水稀释至刻度，混匀。此为溶液A。

3. 有效磷提取

称取0.2～0.25g试样（精确至0.001g），用滤纸包好，放入250mL容量瓶中，加入100mL碱性柠檬酸铵溶液，旋紧瓶塞，振荡到滤纸碎成纤维状态为止。将容量瓶置于（60±1）℃恒温水浴中保持1h。开始时每隔5min振荡容量瓶1次。振荡3次后再每隔15min振荡1次，取出容量瓶，冷却至室温，用水稀释至刻度，混匀。干过滤，弃去最初几毫升滤液，所得滤液为溶液B。

4. 水溶性磷的测定

用单标线吸管吸取10～20mL溶液A（含$P_2O_5 \leqslant 20mg$）放于300mL烧杯中，加入10mL硝酸溶液，用水稀释至100mL，盖上表面皿，加热近沸，加入35mL喹钼柠酮试剂，微沸1min或置于80℃左右的水浴中保温至沉淀分层，冷却至室温，冷却过程中转动烧杯3～4次。

用预先在（180±2）℃恒温干燥箱内干燥至恒重的4号玻璃坩埚式滤器抽滤，先将上层清液滤完，用倾泻法洗涤沉淀1～2次（每次约用水25mL），然后将沉淀移入滤器中，再用水继续洗涤，所用水共约125～150mL，将带有沉淀的滤器置于（180±2）℃恒温干燥箱内，待温度达到180℃后干燥45min，移入干燥器中冷却至室温，称量。

空白试验：除不加样外，按照上述相同的测定步骤，使用相同试剂、溶液、用量进行平行操作。

5. 有效磷的测定

用单标线吸管吸取10～20mL溶液B，于300mL烧杯中，加入10mL硝酸溶液，用水稀释至100mL，盖上表面皿。以下操作同水溶性磷测定步骤。

四、结果计算

以五氧二磷（P_2O_5）的质量分数表示的有效磷含量$w(P_2O_5)$按下式计算：

$$w(P_2O_5) = \frac{(m_1 - m_2) \times 0.03207}{m \times \dfrac{V}{500\,\text{mL}}} \times 100\%$$

式中　m_1——磷钼酸喹啉沉淀质量，g；

　　　m_2——空白试验所得磷钼酸喹啉沉淀质量，g；

　　　m——试样质量，g；

　　　V——吸取试液（溶液 A＋溶液 B）的总体积，mL；

　0.03207——磷钼酸喹啉质量换算为五氧化二磷质量的换算系数；

$w(P_2O_5)$——五氧化二磷的质量分数，%。

五、允许误差

平行测定允许误差见表 5-2。

表 5-2　平行测定允许误差

同一化验室	不同化验室
≤0.3%	≤0.5%

方法讨论

1. 有效磷的提取

（1）有效磷提取必须先用水提取水溶性磷化合物，再用碱性柠檬酸铵溶液提取柠檬酸溶性磷化合物。

过磷酸钙中的有效磷，主要是水溶性的 H_3PO_4 及（H_2PO_4）$_2$，同时也含有少量可溶于柠檬酸铵的氨溶液的 $CaHPO_4 \cdot 2H_2O$，因为在磷酸或磷酸二氢钙存在时，柠檬酸铵的氨溶液的酸性增强，萃取能力增大，可能溶解其他非有效的含磷化合物，所以，必须先用水处理，萃取出游离磷酸及磷酸二氢钙，剩余不溶性残渣，再用柠檬酸铵的氨溶液萃取，然后，合并两种萃取液。测定有效磷。

（2）用柠檬酸铵的氨溶液萃取时，其萃取效率的高低和萃取的浓度、酸碱度及温度等条件有关系，必须严格遵守规程。

2. 有效磷的测定

本法采用沉淀重量法测定有效磷。沉淀重量法测定结果准确程度主要取决于沉淀的完全程度和纯净程度。

（1）沉淀的组成性质　该法所得沉淀为黄色的磷钼酸喹啉（C_9H_7N）$_3H_3$（$PO_4 \cdot 12MoO_3$）$\cdot$ H_2O。这是一种大分子的、溶解度很少的难溶盐。该沉淀在硝酸介质中生成，利用硝酸的氧化性来保证磷和沉淀剂中的钼均以高价状态存在。将磷钼酸喹啉沉淀在 180℃时干燥一定时间，其结晶水全部失去而达到恒重。但沉淀在过量的碱液中能溶解，且消耗定量的碱。

（2）沉淀形成的条件

① 磷钼杂多酸的形成。磷钼杂多酸的形成直接影响磷钼酸喹啉沉淀的生成，而磷钼杂多酸的形成与溶液的酸度、温度和硫酸的用量都有关系。这些条件不同时，杂多酸的组成也可能不同，不同组成的杂多酸，其性质也不一样，因此要得到理论上形成的磷钼酸喹啉沉淀，必须首先严格控制磷钼酸形成的条件。

②磷钼酸喹啉的生成。由沉淀反应方程式看出，酸度大对沉淀的生成有利。但酸度过高时，沉淀的物理性能较差，且不易溶解在碱溶液中，一般控制沉淀体系中硝酸的酸度在0.6mol/L，于微沸的溶液中使沉淀生成。

（3）沉淀剂组成与作用　沉淀剂由柠檬酸、钼酸钠、喹啉和丙酮多种物质组成。其中柠檬酸的作用有3个，首先，柠檬酸能与钼酸盐生成电离度较小的配合物，以使电离生成的钼酸根离子浓度较小，仅能满足磷钼酸喹啉沉淀形成的需要，不至于使硅形成硅钼酸喹啉沉淀，以排除硅的干扰。但柠檬酸的用量也不宜过多，以免钼酸铵的溶解度比磷钼酸喹啉的溶解度大，进而排除铵盐的干扰。柠檬酸还可阻止钼酸盐在加热至沸水时水解而析出三氧化钼沉淀。丙酮的作用，一是为了进一步消除铵盐（NH_4^+）的干扰，二是改善沉淀的物理性能，使沉淀颗粒粗大、疏松，便于过滤与洗涤。

（4）干扰及其排除　磷肥是以自然矿物为原料而生产的，它的组成复杂，有效成分含量较低，杂质元素较多，常给测定带来干扰。主要杂质元素有以下几种。

①硅元素。在测定磷的条件下，硅元素也能生成硅酸杂多酸的喹啉盐沉淀，不论是称量法还是容量法都会给测定带来误差。因此，当试料中硅含量较多时，测定前应分离出硅，分离硅的方法是：准确称取一定量的试样于高形烧杯中，加高氯酸约10mL、盐酸10mL，于70～80℃加热5min后，立即过滤，除去二氧化硅沉淀后，滤液即为测定液。

②铵盐。分析试液的制备中，常用到铵盐的溶液。因此，分析试液中常含有一定量的铵盐。在测定磷的条件下，铵盐能与磷钼杂多酸形成磷钼酸铵〔$(NH_4)_3PO_4 \cdot 12MoO_3 \cdot 2H_2O$〕黄色沉淀，使磷的沉淀形式不一，给称量法测定带来偏低的误差，磷钼酸铵沉淀也能溶解在过量的碱溶液中，反应为

$$(NH_4)_3PO_4 \cdot 12MoO_3 \cdot 2H_2O + 23OH^- \longrightarrow HPO_4^{2-} + 12MoO_4^{2-} + 3NH_4^+ + 13H_2O$$

这样给容量法测定也带来偏低的误差。利用沉淀剂中的丙酮可消除铵盐的干扰。

（5）沉淀的洗涤　洗涤沉淀的目的是洗去沉淀携带的金属盐类和大量的酸溶液，因为它们会给称量法定磷和容量法定磷分别带来误差，当用水洗涤沉淀至近中性时，钼酸盐有可能水解而析出三氧化钼沉淀，使滤液变浑浊，但此现象不影响测定。

💡 **知识补充** ···

磷钼酸铵容量法及钒钼酸铵分光光度法测定五氧化二磷含量。

一、磷钼喹啉容量法

用水、碱性柠檬酸铵溶液提取过磷酸钙中的有效磷，提取液中正磷酸根离子在酸性介质中与喹啉钼酮试剂生成黄色磷钼酸喹啉沉淀，过滤、洗涤所吸附的酸液后将沉淀溶于过量的碱标准滴定溶液中，再用酸标准滴定溶液回滴。根据所用酸、碱溶液的体积换算出五氧化二磷含量。

磷钼酸喹啉容量法的测定原理和磷钼酸喹啉重量法相似，但该法中将所生成的沉淀溶于过量的碱性滴定溶液中，再用酸标准滴定溶液回滴。反应如下

$$H_3PO_4 + 12MoO_4^{2-} + 3C_9H_7N + 24H^+ \longrightarrow$$

$$(C_9H_7N)_3H_3(PO_4 \cdot 12MoO_3) \cdot H_2O \downarrow + 11H_2O$$

磷钼酸喹啉（黄色）

$$(C_9H_7N)_3H_3(PO_4 \cdot 12MoO_3) \cdot H_2O + 26NaOH \longrightarrow$$

$$Na_2HPO_4 + 12Na_2MoO_4 + 3C_9H_7N + 15H_2O$$

$$NaOH（剩余）+ HCl \longrightarrow NaCl + H_2O$$

二、钒钼酸铵分光光度法

用水、碱性柠檬酸铵溶液提取过磷酸钙中的有效磷，提取液中正磷酸根离子在酸性介质中与钼酸盐及偏钒酸盐反应，生成稳定的黄色配合物，于波长 420nm 处，用示差法测定其吸光度，计算出五氧化二磷的含量。

测定过程中的反应如下

$$2H_3PO_4 + 22(NH_4)_2MoO_4 + 2NH_4VO_3 + 46HNO_3 \longrightarrow$$

（黄色配合物）　　　　　　　$$P_2O_5 \cdot V_2O_5 \cdot 22MoO_3 + 46NH_4NO_3 + 26H_2O$$

任务 3 ➡ 复合肥料中钾含量的测定

测定有效钾时，通常用热水溶解制备试样溶液，如试样中含有弱酸性钾盐，则用加少量盐酸的热水溶解有效钾。测定总钾含量时，一般用强酸溶解或碱熔法制备试样溶液。

🎤 技能操作

一、原理介绍——四苯硼酸钠称量法

试样用酸性水溶解后，加入甲醛溶液，使存在的铵离子转变成六亚甲基四胺，避免了铵离子的干扰；加入乙二胺四乙酸二钠（EDTA）消除干扰分析结果的其他阳离子。在微碱性介质中，用四苯硼酸钠沉淀溶液中的钾离子，经过干燥沉淀并称量计算出样品中钾含量。

该法主要反应如下

$$K^+ + NaB(C_6H_5)_4 \longrightarrow KB(C_6H_5)_4 \downarrow + Na^+$$
$$（白色）$$

二、试剂与仪器

(1) 盐酸　$1.19g/cm^3$。

(2) 乙二胺四乙酸二钠（EDTA）溶液　100g/L，溶解 10gEDTA 于 100mL 水中。

(3) 氢氧化铝。

(4) 氢氧化钠溶液　200g/L，溶解 20g 不含钾的氢氧化钠于 100mL 水中。

(5) 酚酞指示液　5g/L，溶解 0.5g 酚酞于 100mL95% 的乙醇中。

(6) 甲醛溶液　约 37%。

(7) 四苯硼酸钠 $[NaB(C_6H_5)_4]$ 溶液　25g/L，称取 6.25g 四苯硼酸钠于 400mL 烧杯中，加入约 200mL 水，使其溶解，加入 5g 氢氧化铝，搅拌 10min，用慢速滤纸过滤，如滤液呈浑浊，必须反复过滤直至澄清，收集全部滤液于 250mL 容量瓶中，加入 1mL 氢氧化钠溶液，然后稀释至刻度，混匀备用，必要时，使用前重新过滤。

（8）四苯硼酸钠洗液　0.1%（体积分数），取 40mL 四苯硼酸钠溶液，加水稀释于 1L。

（9）玻璃坩埚式过滤器　4 号过滤器，滤板孔径 7～16μm。

三、操作步骤

1. 试验溶液的制备

称取约 5g 试样，精确至 0.0001g，置于 400mL 烧杯中，加入 150mL 水及 10mL 盐酸，煮沸 15min。冷却，移入 500mL 容量瓶中，用水稀释于刻度，混匀后干滤（若测定复合肥中水溶性钾，操作时不加盐酸，加热煮沸时间改为 30min）。

2. 测定方法

准确吸取上述复合试液 20mL 或氯化钾、硫酸钾试液 10mL 于 100mL 烧杯中，加入 10mLEDTA 溶液，2 滴酚酞指示液，搅匀逐滴加入氢氧化钠溶液直至溶液的颜色变红为止，再过量 1mL。加入 5mL 甲醛溶液，搅匀（此时溶液的体积约 40mL 为宜）。

在剧烈搅拌下，逐滴加入比理论需要量（10mgK_2O 需 3mL 四苯硼酸钠溶液）多 4mL 的四苯硼酸钠溶液，静置 30min。

用预先在 120℃烘至恒重的 4 号玻璃坩埚抽滤沉淀，将沉淀用四苯硼酸钠洗液全部移入坩埚内，再用该洗液洗涤 5 次，每次用 5mL，最后用水洗涤两次，每次用 2mL。

将坩埚连同沉淀置于 120℃烘箱内，干燥 1h，取出，放入干燥器中冷却至室温，称重，直至恒重。

四、结果计算

以质量分数表示的氧化钾含量：

$$w(K_2O) = \frac{(m_2 - m_1) \times 0.1314}{m} \times 100\%$$

式中　m_1——空坩埚质量，g；

　　　m_2——坩埚和四苯硼酸钾沉淀的质量，g；

　　　m——所取试液中的试样质量，g；

　0.1314——四苯硼酸钾的质量换算为氧化钾质量的换算系数；

$w(K_2O)$——氧化钾的质量分数，%。

五、允许误差

允许误差见表 5-3。

表 5-3　平行测定结果的允许误差

钾的质量分数（以 K_2O 计）/%	同一化验室/%	不同化验室/%
<10.0	0.20	0.40
10.0~20.0	0.30	0.60
>20.0	0.40	0.80

💡 方法讨论

（1）在微酸性溶液中铵离子与四苯硼酸钠反应也能生成沉淀，故测定过程中应注意避免铵盐及氨的影响。试样中有铵离子，可以在沉淀前加碱，并加热驱除氨，然后重新调节酸度进行测定。

（2）由于四苯硼酸钾易形成过饱和溶液，在四苯硼酸钠沉淀剂加入时速度应慢，同时要剧烈搅拌以促使它凝聚析出。考虑到沉淀的溶解度（$K_{sp} = 2.2 \times 10^{-8}$），洗涤沉淀时，应预先配制四苯硼酸钾饱和溶液。

（3）沉淀剂四苯硼酸钠的加入量对测定结果有影响，应予以控制。

（4）四苯硼酸钠可用离子交换法回收，具体方法是用丙酮溶解四苯硼酸钾沉淀，将此溶液通过盛有钠型强酸性阳离子交换树脂的离子交换柱，然后将含有四苯硼酸钠的丙酮流出液蒸馏，收集丙酮，剩余物烘干即为四苯硼酸钠固体，必要时于丙酮中重结晶一次。

💡 知识补充

钾肥中钾的测定方法

钾肥中钾的测定方法有四苯硼酸钠称量法、四苯硼酸钠容量法、火焰光度法或原子吸收法。

一、四苯硼酸钠容量法

试样用酸性水溶解后，加甲醛溶液和乙二胺四乙酸二钠溶液，消除铵离子和其他阳离子的干扰，在微碱性溶液中，以定量的四苯硼酸钠溶液沉淀试样中钾，滤液中过量的四苯硼酸钠以达旦黄作指示剂，用溴化十六烷基三甲铵（CTAB）标准溶液反滴定至溶液由黄色变成明显的粉红色，其化学反应为：

$$B(C_6H_5)_4 + K^+ \longrightarrow KB(C_6H_5)_4 \downarrow$$
$$Br[N(CH_3)_3 \cdot C_{16}H_{33}] + NaB(C_6H_5)_4 \longrightarrow$$
$$B(C_6H_5)_4 \cdot N(CH_3)_3C_{16}H_{33} \downarrow + NaBr$$

四苯硼酸钠称量法和四苯硼酸钠容量法简便、准确、快速，适用于含量较高的钾肥含钾量测定。火焰光度法和原子吸收法快速、准确，已被广泛用于微量钾的测定。

二、火焰光度法

有机肥料试样经硫酸-过氧化氢消煮，稀释后用火焰光度法测定。在一定浓度范围内，溶液中钾浓度与发光强度成正比例关系。

任务 4 ⇨ 复合肥料中水分的测定

重量分析是将被测组分以某种形式从试样中分离出来，然后转化为一定形式，最后用称重的方法测定该组分的含量。根据被测组分与试样中其他组分分离方法的不同，重量法可分为汽化法和沉淀法等。

💡 技能操作

一、原理介绍——烘箱干燥法

在一定的温度 [（100±2）℃] 下，试样干燥 3h 后，将试料烘干至恒重，然后测定试料减少的质量。

二、仪器

（1）实验室常用仪器。

（2）恒温烘箱 温度可控制在（100±2）℃。

（3）称量瓶 直径为 50mm，高为 30mm。

三、操作步骤

称取制备好的试样 10g（精确至 0.01g），均匀散布于预先在（100±2）℃下干燥的称量瓶中，置于恒温烘箱内，称量瓶应接近于温度计的水银球水平位置，干燥 3h 取出，放入干燥器中冷却 30min 后称量。

四、结果计算

以质量分数表示的水分 $w(H_2O)$ 按下式计算：

$$w(H_2O) = \frac{m - m_1}{m} \times 100\%$$

式中 m——干燥前试样的质量，g；

m_1——干燥后试样的质量，g；

$w(H_2O)$——水分的质量分数，%。

五、允许误差

平行测定允许误差见表 5-4。

表 5-4 平行测定允许误差

同一化验室	不同化验室
≤0.2%	≤0.3%

方法讨论

本法适用于稳定性好的无机或有机化工产品、化学试剂、化肥等产品中水分含量的测定。若试样中含有挥发性物质时，其损失量为水分和挥发分之和。减去挥发分后，即是水分的量。本法规定，所取试样中水分含量应不少于 0.001g，测定中强调称量瓶应放在温度计水银球的周围。

知识补充

重量法——汽化法及沉淀法

一、汽化法

汽化法是利用物质的可挥发性，通过加热或蒸发等方式，使试样中某种挥发性组分逸出，根据试样减少的质量计算出该组分的含量。例如氯化钡中水分的测定，将一定质量的 $BaCl_2$ 放入烘箱中，在 105～110℃烘干至恒重。具体做法：反复烘干及用分析天平称量已烘干的 $BaCl_2$，当连续两次称量质量差不大于 0.0002g 时，认为已达恒重。根据 $BaCl_2$ 加热前

后的质量计算出 $BaCl_2$ 中水分的含量。汽化法的另一种方式是用已恒重的某种吸收剂将溢出的气态组分全部吸收，根据吸收剂增加的质量来计算试样中该组分的含量。如上述 $BaCl_2$ 中水分的测定，可用已恒重的高氯酸镁 $Mg(ClO_4)_2$ 吸收逸出的水分。由 $Mg(ClO_4)_2$ 增加的质量计算出 $BaCl_2$ 中水分的含量。

二、沉淀法

沉淀法是重量分析的主要方法。

此外还有萃取法和电解法。萃取法是用有机溶剂将被测组分从样品中萃取出来，然后将溶剂蒸发出去，称取萃取物的质量来计算被测组分的含量。电解法是利用电解的原理，控制适宜的电位，使被测组分在电极上析出，根据电极增加的质量，计算被测组分的含量。

项目二 农用硝酸钾产品分析（方案自行设计）

一、任务

查阅有关资料设计用容量法和重量法分析农用硝酸钾中氮和氧化钾的含量的完整方案。

二、要求

（1）实验原理。

（2）指示剂、沉淀剂的选择。

（3）实验所需试剂的浓度、配制方法及用量；所需仪器的型号、种类。

（4）操作步骤包括标准溶液的标定、测定及相关实验步骤。

（5）用表格形式记录原始数据。

（6）数据处理包括结果计算、误差分析等。

（7）方法讨论（包括注意事项、结果分析）。

习题

1. 由于滤纸的致密程度不同，一般非晶形沉淀如氢氧化铁等应选择_____滤纸过滤；粗晶形沉淀应选择_____滤纸过滤；较细小的晶形沉淀应选择_____滤纸过滤。

2. 喹钼柠酮试剂是由_____、_____、_____和_____组成。

3. 磷肥中有效磷的测定方法有_____、_____和_____，其中_____是仲裁方法。

4. 干过滤时为什么弃去最初的几毫升滤液？

5. 为什么 $BaSO_4$ 沉淀要用稀硫酸洗涤，而磷钼酸喹啉沉淀则用水洗涤。

6. 称取钾肥试样 24.132g，用水溶解，过滤后制成 500mL 溶液。移取 25mL，再稀释至 500mL。吸取其中 15mL 与过量的四苯硼酸钠溶液反应，得到 0.1451g 无水四苯硼酸钾。求试样中氧化钾的含量。

 阅读材料

叶面肥及种类

农作物吸收养分可通过两条途径：一是根系吸收，二是叶面吸收。叶面施肥又称根外施（追）肥，根外施肥即通过叶面喷洒来补充植物所需的营养元素，起到调节植物生长、补充所缺元素、防早衰和增加产量的作用。采取根外追肥可直接迅速地供给养分，避免养分被土壤吸附固定，提高了肥料利用率；且用量少，适合于微肥的施用，增产效果显著。根外施肥是根系吸肥的重要补充。叶面施肥是补充和调节作物营养的有效措施，特别是在逆境条件下，根部吸收机能受到障碍，叶面施肥常能发挥特殊的效果。作物对微量营养元素需要的量少，在土壤中微量元素不是严重缺乏的情况下，通过叶面喷施能满足作物的需要。然而，作物对氮、磷、钾等大量元素需要量大，叶面喷施只能提供少量养分，无法满足作物的需求。因此，为了满足作物所需的养分，还应以根部施肥为主，叶面施肥只能作为一种辅助措施。

叶面肥的种类很多，根据其作用和功能可把叶面肥概括为四大类。

（1）无机营养型叶面肥　此类叶面肥中氮、磷、钾及微量元素等养分含量较高，主要功能是为作物提供各种营养元素，改善作物的营养状况，特别适宜作物生长中后期各种营养的补充，常用的有磷酸二氢钾、稀土微肥、绿芬威、硼肥等。

（2）植物生长调节剂型　此类叶面肥中含有调节植物生长发育的物质，主要功能是调控作物生长发育，适宜植物生长前中期使用。如生长素、激素类。

（3）生物型叶面肥　此类肥料中含微生物及代谢物，主要功能是刺激作物生长，促进作物代谢，减轻防止病虫害的发生等。如氨基酸、核苷酸、核酸类物质。

（4）复合型叶面肥　此类叶面肥种类繁多，复合混合形式多种多样，其功能是复合型的，既可提供营养，又能刺激作物的生长调控发育。

微生物肥料

微生物肥料简称菌肥，是从土壤中分离出的微生物，经过人工选育与繁殖后制成的菌剂，是一种辅助性肥料。施用后通过菌肥中微生物的生命活动，借助其代谢过程或代谢产物，以改善植物生长条件，尤其是营养环境。如固定空气中的游离氮素，参与土壤中养分的转化，增加有效养分，分泌激素刺激植物根系发育，抑制有害微生物活动等。

1. 微生物肥料的种类

微生物肥料的种类较多，按照制品中特定的微生物种类可分为细菌肥料（如根瘤菌肥、固氮菌肥）、放线菌肥料（如抗生菌肥料）、真菌类肥料（如菌根真菌）；按其作用机理分为根瘤菌肥料、固氮菌肥料（自生或联合共生类）、解磷菌类肥料、抗生菌肥料、硅酸盐菌类肥料。按其制品内含分为单一的微生物肥料和复合（或复混）微生物肥料。复合微生物肥料又有菌、菌复合，也有菌和各种添加剂复合的。

2. 微生物肥料的特点

微生物肥料是活体肥料，它的效能主要靠它含有的大量有益微生物的生命活动来完成，微生物肥料中有益微生物的种类、生命活动是否旺盛是其有效性的基础。只有当这些有益微生物处于旺盛的繁殖和新陈代谢的情况下，物质转化和有益代谢产物才能不断形成，因此微生物肥料的肥效与活菌数量、强度及周围环境条件密切相关，包括温度、水分、酸碱度、营养条件及原生活在土壤中土著微生物排斥作用都有一定影响。

3. 微生物肥料的特殊作用

（1）提高化肥利用率和提高作物品质。随着化肥的大量使用，其利用率不断降低，且对环境产生污染等。可根据作物种类和土壤条件，采用微生物肥料与化肥配合施用，既能保证增产，又减少了化肥使用量，降低成本，同时还能改善土壤及作物品质，减少污染。

（2）在绿色食品生产中的作用。随着人民生活水平的不断提高，国内外都在积极发展绿色农业（生态有机农业）来生产安全、无公害的绿色食品。生产绿色食品过程中要求不用或尽量少用（或限量使用）化学肥料、化学农药和其他化学物质。微生物肥料基本能满足要求。

（3）微生物肥料在环保中的作用。利用微生物的特定功能分解发酵城市生活垃圾及农牧业废弃物而制成微生物肥料是一条经济可行的有效途径。目前已应用的主要是两种方法，一是将大量的城市生活垃圾作为原料经处理由工厂直接加工成微生物有机复合肥料；二是工厂生产特制微生物肥料（菌种剂）供应于堆肥厂（场），再对各种农牧业物料进行堆制，以加快其发酵过程，缩短堆肥的周期，同时还提高堆肥质量及成熟度。另外还有将微生物肥料作为土壤净化剂使用。

（4）改良土壤物理性状，有利于提高土壤肥力。微生物肥料中有益微生物能产生糖类物质，可以改善土壤团粒结构，增强土壤的物理性能和减少土壤颗粒的损失，在一定的条件下，还能参与腐殖质形成。

4. 微生物肥料的发展前景

微生物在农业上的作用已逐渐被人们所认识。现国际上已有 70 多个国家生产、应用和推广微生物肥料，我国目前也有 250 家企业年产约数十万吨微生物肥料应用于生产。不仅如此，现已有许多国家建立了行业或国家标准及相应机构以检查产品质量。我国也制定了农业部标准和成立微生物质量检测中心，并已于 1996 年正式对微生物肥料制品进行产品登记、检测及发放生产许可证等工作。

学习情境六
水质分析

项目一　工业用水分析

背景知识

　　水是地球上分布最广的自然资源，是万物生命的源泉，也是人类进行生产活动的宝贵资源。遍布于海洋、地面、地下和空气中，地球的四分之三被水覆盖。水在整个自然界和人类社会中发挥着不可估量的作用。

　　天然水分为地下水、地面水和大气水等，地面水又可分为江河水、湖水、海水和冰山水等。从应用角度出发，有生活用水、农业用水（灌溉用水、渔业用水等）、工业用（原料水、锅炉用水、冷却水等）和各种废水（即污染水）等。

　　水在自然的或人工的循环过程中，不仅自身的状态可能发生变化，作为溶剂还可能溶解各种无机的、有机的甚至是生命的物质，使其表现特性和应用受到影响。因此，分析测定水中存在的各种组分时，作为研究、考察、评价和开发水资源的信息则显得十分重要。水的来源不同所含杂质也不相同，如雨水中主要含有氧、氮、二氧化碳、尘埃、微生物以及其他成分；地面水中主要含有少量可溶性盐类（海水除外）、悬浮物、腐殖质、微生物等；地下水主要含有可溶性盐类，包括钙、镁、钾、钠的碳酸盐，氯化物，硫酸盐，硝酸盐和硅酸盐等。水质分析主要是对水中杂质进行测定。

任务书

工业用水分析任务书

任务名称	工业用水分析
任务内容	1. 工业用水总硬度的测定 2. 工业用水溶解氧的测定 3. 工业用水微量铁含量的测定

续表

任务名称	工业用水分析
工作标准	GB 1576—2008 国家标准部分水质标准
知识目标	1. 了解天然水的分类、水质指标、水质标准； 2. 掌握水的分析项目及方法。
技能目标	1. 能用合适的方法测定工业用水硬度、溶解氧、硫酸盐的含量； 2. 能采用合适的方法测定废水中铬、铅的含量。

国家标准

GB 1576—2008 国家标准部分水质标准

项 目		给 水			锅 炉 水		
工作压力/MPa(或 kgf/cm²)			0.98	>1.56		>0.98	>1.57
		≤0.98	≤1.56	≤2.54	≤0.98	≤1.57	≤2.54
		(≤10)	(>10)	(>16)	(≤10)	(>10)	(>16)
			≤16	≤25		≤16	≤25
悬浮物/(mg/L)		≤5	≤5	≤5			
总硬度/(mmol/L)		≤0.03	≤0.03	≤0.03			
总碱度/(mmol/L)	无过滤器				6~26	6~24	6~1614
	有过滤器					≤14	≤12
pH(25℃)		≥7	≥7	≥7	10~12	10~12	10~12
含油量/(mg/L)		≤2	≤2	≤2			
溶解氧/(mg/L)		≤0.1	≤0.1	≤0.05			
溶解固体物/(mg/L)	无过滤器				<4000	<3500	<3000
	有过滤器					<3000	<2500
$w(SO_4^{2-})$/(mg/L)					10~30	10~30	10~30
$w(PO_4^{3-})$/(mg/L)						10~30	10~30
相对碱度$\left(\dfrac{\text{游离 NaOH}}{\text{溶解固形物}}\right)$					<0.2	<0.2	<0.2

任务1 ⇨ 水总硬度的测定

　　天然水中含有的金属化合物，除碱金属离子外，还有钙、镁等大量金属离子，它们主要以酸式碳酸盐、碳酸盐、硫酸盐、硝酸盐及氯化物形式存在。通常将含有较多钙、镁金属化合物离子的水称为硬水。而把水中这些金属离子的含量亦称为硬度。水的硬度根据不同物质产生的硬度性质不同，常分为碳酸盐硬度和非碳酸盐硬度。

　　碳酸盐硬度，主要是 $Ca(HCO_3)_2$、$Mg(HCO_3)_2$ 的含量，也可能含少量碳酸盐，这类化合物因为受热时分解生成沉淀，所以又称为暂时硬度；非碳酸盐硬度，主要是钙、镁的硫酸盐、硝酸盐、氯化物的含量，这类化合物，一般不因为受热而分解，水在常压下沸腾，如果体积不改变，非碳酸盐硬度不生成沉淀，所以又称为永久硬度。

　　根据测定对象不同亦分为总硬度、钙硬度和镁硬度。总硬度指碳酸盐硬度与非碳酸盐硬度之和；钙硬度指水中钙化合物的含量为钙硬度；镁硬度指水中镁化合物的含量。

技能操作 ....

一、原理介绍

在 pH=10 的弱碱性溶液中，以铬黑 T 为指示剂，用 EDTA 标准溶液滴定水中的钙镁离子。对于干扰离子铜、锌，可通过加入硫化钠生成沉淀来掩蔽；微量锰加入盐酸羟胺后可使之还原为低价锰；铁、铝可加入三乙醇胺来消除其干扰。

滴定反应如下：

$$M + In \longrightarrow MIn$$
　　　　（纯蓝色）　　　（酒红色）
$$MIn + H_2Y^{2-} \longrightarrow MY^{2-} + In + 2H^+$$
　　（酒红色）　　　　　　（纯蓝色）

方程式中　M 代表钙、镁离子，In 代表指示剂。

二、仪器与试剂

（1）EDTA 标准溶液　$c=0.02$mol/L。

（2）基准物 ZnO　需在800℃灼烧恒重。

（3）缓冲溶液（pH=10）　称取 1.25g 乙二胺四乙酸二钠镁（$Na_2MgY \cdot 4H_2O$）和 16.9g 氯化铵，溶于 143mL 氨水中，用水稀至 250mL。

（4）铬黑 T 指示剂　0.5g 铬黑 T 与 100g 氯化钠研细混匀，使用干粉。

三、操作步骤

1. 0.02mol/L EDTA 标准溶液的标定

称取基准 ZnO 0.2g（±10%）于 100mL 烧杯中，在通风橱中，加数滴浓 HCl 使其溶解，避免加入过量酸。再用量杯加约 40mL 蒸馏水，定量转移至 250mL 容量瓶中，用水稀释至刻度，摇匀。

用吸量管移取上述 Zn^{2+} 标准溶液 25.00mL 于 250mL 的锥形瓶中。用量杯加 50mL 蒸馏水，加 3 滴 EBT 指示剂，加 5mL 缓冲溶液，立即用 EDTA 标准滴定溶液滴定到紫红色变为纯蓝色为终点。平行标定 3 份。

2. 水中钙镁含量的测定

用 25mL 吸量管准确移取水样 25.00mL 于 250mL 锥形瓶中，加 5mL 缓冲溶液，加入少许铬黑 T 指示液，用 EDTA 标准滴定溶液进行滴定，充分摇动，接近终点时，滴定速度宜慢，直到溶液的颜色由紫红色刚变为纯蓝色即为终点。平行测定二次。

四、数据处理

（1）计算 $c(Zn^{2+})$

$$c(Zn^{2+}) = \frac{m}{81.38\text{g/mol} \times 0.2500\text{L}}$$

式中　$c(Zn^{2+})$——Zn^{2+} 标准溶液的浓度，mol/L（4 位有效数字）；

0.2500——Zn^{2+} 标准溶液的体积；

81.38——ZnO 的摩尔质量；

m——基准 ZnO 的质量，g。

（2）计算 $c(EDTA)$

$$c(EDTA) = \frac{c(Zn^{2+}) \times 25mL}{V}$$

式中　$c(EDTA)$——EDTA 标准滴定溶液的浓度，mol/L（4 位有效数字）；

$c(Zn^{2+})$——Zn^{2+} 标准溶液的浓度，mol/L；

V——标定 Zn^{2+} 标准溶液所消耗的 EDTA 体积，mL；

25——标定所移取的 Zn^{2+} 标准溶液的体积。

（3）计算 $c(Ca^{2+} + Mg^{2+})$

$$c(Ca^{2+} + Mg^{2+}) = \frac{c(EDTA)V \times 10^3}{25mL}$$

式中　　$c(EDTA)$——EDTA 标准滴定溶液的浓度平均值，mol/L；

$c(Ca^{2+} + Mg^{2+})$——水中 Ca^{2+} 与 Mg^{2+} 的总浓度，mmol/L；

V——滴定所消耗的 EDTA 的体积，mL；

25——测定时，移取水样的体积。

🔖 方法讨论

1. 水中钙硬度和镁硬度的测定

（1）钙硬度的测定　在 pH＝12～13 时，以钙-羧酸为指示剂，用 EDTA 标准溶液滴定水样中的钙离子含量。滴定时 EDTA 仅应与溶液中游离的钙离子形成配合物，溶液颜色由紫红色变为亮蓝色时即为终点。

（2）镁硬度的测定　在 pH＝10 时，以铬黑 T 为指示剂，用 EDTA 标准滴定溶液测定钙、镁离子总量，溶液颜色由紫红色变为纯蓝色即为终点，由钙、镁总量减去钙离子含量即为镁离子含量。

2. 原子吸收分光光度法

（1）钙硬度的测定　取一定体积水样，经雾化喷入火焰，钙离子被热解为基态原子，以钙共振线 422.7nm 为分析线，以空气-乙炔火焰测定钙原子的吸光度。用标准曲线法进行定量。

（2）镁硬度的测定　取一定体积水样，经雾化喷入火焰，镁离子被热解为基态原子，以镁的共振线 285.2nm 为分析线，以空气乙炔火焰测定镁原子的吸光度。用标准曲线法进行定量。

加入氯化锶或氧化镧可抑制水中各种共存元素及水处理药剂的干扰。

🔖 知识补充

水质分析方法及标准

一、水质指标

由水与其中杂质共同表现出来的综合特性即为水质，用以评价水的各种特性而设立分析化验项目及尺度称为水质指标。水具有强极性，各种物质或多或少溶解于水体中，使水的物理性质和化学性质与纯水有较大差异。水质指标可具体地表征水的物理、化学特性，说明水中组分的种类、数量、存在状态及其相互作用的程度。根据水质分析结果，确定各种水质指标，以此来评价水质和达到对所调查水的研究、治理和利用的目的。

水质指标按其性质可分为物理指标、化学指标和微生物学指标三大类。

（1）水的物理指标主要有温度、颜色、嗅与味、浑浊度与透明度、固体含量与导电性等。

（2）化学指标包括水中所含的各种无机物和有机物的含量以及由它们共同表现出来的一些综合特性，如 pH、φ_h、酸度、碱度、硬度和矿化度等。

（3）微生物学指标主要有细菌总数、大肠菌群和游离性余氯。其中化学指标是一类内容十分丰富的指标，是决定水的性质与应用的基础。

从水的利用出发，各种用水都有一定的要求，这种要求体现在对各种水质指标的限制上。长期以来，人们在总结实践经验的基础上，根据需要与可能，提出了一系列水质标准。

二、水质标准

水质标准是表示生活饮用水、工农业用水等各种用途的水中物理、化学和生物学污染物质的最高容许浓度或限量阈值的具体限制和要求。水中物理、化学和生物学的质量标准由国家权威部门发布。

不同用途对水质有不同的要求。对饮用水主要考虑对人体健康的影响，其水质标准中除有物理、化学指标外，还有微生物指标；对工业用水则考虑是否影响产品质量或易于损害容器及管道，其水质标准中多数无微生物（酿酒工业除外）限制。工业用水也还因行业特点或用途的不同，对水的要求不同。例如，锅炉用水要求悬浮物、氧气、二氧化碳含量要少，硬度要低；纺织工业上要求水的硬度要低，铁离子、锰离子含量要少；化学工业中氯乙烯的聚合反应要在不含任何杂质的水中进行。

为了保护环境和利用水为人类服务，国内外有各种各类水质标准。如地面水环境质量标准、灌溉用水水质标准、渔业用水水质标准、工业锅炉水质标准、饮用水水质标准及各种废水排放标准等。

三、水质分析项目和分析方法

根据水的来源与用途，分析工作者必须选择相应的水质标准作为依据，按标准规定的项目进行分析。

（1）水质全分析项目有：碱度、硬度、钙离子、镁离子、三价铁、二价铁、铝、二氧化碳、硫酸根、氯离子、铵根离子、硝酸根离子、硫化氢、氧气、二氧化硅、COD、BOD_5、腐植酸盐、全固体、悬浮物、溶解性固体、pH 值、灼烧杂质等。

（2）锅炉用水和冷却水的分析项目有硬度、碱度、浊度、pH、氯化物、硫酸盐、硝酸盐和亚硝酸盐、磷酸盐、固体物质、全硅、全铝、硫化氢、溶解氧、铁、钠、钾、铜和油等。

（3）水中溶解气体含量及 pH 等易变组分，应最先分析，最好在现场进行。水试样浑浊应静置澄清，吸取上层清液进行测定，但全固体、悬浮物等项目除外。

水中的各种组分，既有无机物，又有有机物。随它们含量不同，又可区分为主要组分、次要组分和痕量组分，表 6-1 列出了水质分析中需要测定的部分项目及其常用的分析方法。

表 6-1　水质分析测定项目及其常用测定方法

分析方法	项　目
重量法	悬浮物、总固体、溶解性固体、灼烧减量、SO_4^{2-}、有机碳、油
滴定法	酸度、碱度、硬度、游离二氧化碳、侵蚀性二氧化碳、COD、DO、BOD、Ca^{2+}、Mg^{2+}、Cl^-、CN^-、F^-、硫化物、有机酸、挥发酚、总铬
分光光度法	SiO_2、Fe^{3+}、Fe^{2+}、Al^{3+}、Mn^{2+}、Cu^{2+}、Pb^{2+}、Zn^{2+}、$Cr(Ⅲ、Ⅵ)$、Hg^{2+}、Cd^{2+}、Ca^{2+}、Mg^{2+}、U、Th^{4+}、BO_2^-、As、Se、F^-、Cl^-、SO_4^{2-}、CN^-、NH_4^+、NO_3^-、NO_2^-、可溶性磷、总磷、有机磷、有机氮、酚类、硫化物、余氯、木质素、Abs 色度、阴离子表面活性剂、油
比浊法	SO_4^{2-}、浊度、透明度
火焰光度法	Na^+、K^+、Li^+
发射光谱法	Ag、Si、Mg、Fe、Al、Ni、Ca、Cu 等数 10 种
原子吸收光谱法	As、Ag、Bi、Ca、Cd、Co、Cu、Fe、Hg、K、Mg、Mn、Mo、Na、Ni、Pb、Sn、Zn 等
电位法	pH、DO、酸度、碱度
极谱法	As、Cd、Co、Cu、Ni、Pb、V、Se、Mo、Zn、DO 等
离子选择性电极法	K^+、Li^+、Na^+、F^-、Cl^-、Br^-、I^-、CN^-、S^{2-}、NO_3^-、NH_4^+、DO 等
液相色谱法	有机汞、Co、Cu、Ni、有机物
离子色谱法	Li^+、Na^+、K^+、F^-、Cl^-、Br^-、I^-、NO_3^-、SO_4^{2-} 等
气相色谱法	Al、Be、Cr、Se、气体物质、有机物质
其他	温度、外观、嗅、味、电导率

任务 2 ▷ 水中溶解氧的测定

　　溶解于水中的氧称为"溶解氧"。当地面水与大气接触以及某些含叶绿素的水生植物在其中进行生化作用时,水中就有了溶解氧的存在。水中溶解氧的含量随水的深度的增加而减少,也与大气压力、空气中氧的分压及水的温度有关,常温常压下,水中含溶解氧一般应为 $8\sim10mg/L$。

　　当水中存在较多水生植物并进行光合作用时,有可能使水中含有过饱和的溶解氧。当水被还原性物质污染时,由于污染物被氧化而耗氧,水中溶解氧就会减少,甚至接近于零。如果含量低于 $4mg/L$ 时,则水生动物可能因窒息而死亡。而在工业上却由于溶解氧能使金属氧化而腐蚀加速。因此对水中溶解氧的测定是极其重要的。

　　水中溶解氧的测定方法主要有有膜电极法、比色法和碘量法。清洁水可直接采用碘量法测定。

🖐 技能操作

一、原理分析

　　水样中加入硫酸锰和碱性碘化钾,水中溶解氧在碱性条件下定量氧化 Mn^{2+} 为 $Mn(Ⅲ)$ 和 $Mn(Ⅳ)$,而 $Mn(Ⅲ)$ 和 $Mn(Ⅳ)$ 又定量氧化 I^- 为 I_2,用硫代硫酸钠滴定所生成的 I_2,即可求出水中溶解氧的含量。

　　在碱性条件下,二价锰生成白色的氢氧化亚锰沉淀。

$$Mn^{2+} + 2OH^- \longrightarrow Mn(OH)_2 \downarrow$$

水中溶解氧与 $Mn(OH)_2$ 作用生成 $Mn(Ⅲ)$ 和 $Mn(Ⅳ)$

$$2Mn(OH)_2 + O_2 \longrightarrow 2H_2MnO_3 \downarrow$$

$$4Mn(OH)_2 + O_2 + 2H_2O \longrightarrow 4Mn(OH)_3 \downarrow$$

在酸性条件下，$Mn(Ⅲ)$ 和 $Mn(Ⅳ)$ 氧化 I^- 为 I_2。

$$H_2MnO_3 + 4H^+ + 2I^- \longrightarrow Mn^{2+} + I_2 + 3H_2O$$

$$2Mn(OH)_3 + 6H^+ + 2I^- \longrightarrow I_2 + 6H_2O + 2Mn^{2+}$$

用硫代硫酸钠标准滴定溶液滴定定量生成的碘。

$$I_2 + 2S_2O_3^{2-} \longrightarrow 2I^- + S_4O_6^{2-}$$

二、试剂与仪器

（1）硫酸溶液（1+1）。

（2）硫酸溶液（1+17）。

（3）硫酸锰溶液　340g/L，称取 34g 硫酸锰，加 1mL 硫酸溶液，溶解后用水稀释至 100mL，若溶液不清，则需过滤。

（4）碱性碘化钾混合液　称取 30g 氢氧化钠、20g 碘化钾溶于 100mL 水，摇匀。

（5）淀粉溶液　10g/L，新鲜配制。

（6）碘酸钾标准溶液　$c\left(\dfrac{1}{6}KIO_3\right) = 0.01000\text{mol/L}$，称取于 180℃ 下干燥的碘酸钾 3.567g，准确至 0.002g，并溶于水中，转移至 1000mL 容量瓶中，稀释至刻度，摇匀。吸取 100.0mL 至 1000mL 容量瓶中，用水稀释至刻度，摇匀。

（7）硫代硫酸钠标准滴定溶液　$c(Na_2S_2O_3) = 0.01\text{mol/L}$。

配制：溶解 2.50g 硫代硫酸钠于新煮沸且冷却的水中，加入 0.4g 氢氧化钠，用水稀释至 1000mL。贮于棕色玻璃瓶，放置 15～20 天后标定。

标定：移取 25.00mL 稀释的碘酸钾溶液于锥形瓶中，加入 100mL 左右的水、0.5g 碘化钾、5mL 硫酸溶液。用硫代硫酸钠标准滴定溶液滴定，当出现淡黄色时加入淀粉指示剂，滴定至蓝色完全消失，计算硫代硫酸钠标准滴定溶液的浓度。

（8）高锰酸钾溶液　$c\left(\dfrac{1}{5}KMnO_4\right) = 0.01\text{mol/L}$。

（9）硫酸钾铝溶液　100g/L。

（10）取样瓶　两只具塞玻璃瓶，测出具塞时所装水的体积。一瓶称之为 A，另一瓶称之为 B。体积要求为 200～500mL。

三、操作步骤

1. 取样

将洗净的取样瓶 A、B，同时置于洗净的取样桶中，取样桶至少要比取样瓶高 15cm 以上。两根洗净的聚乙烯塑料管或惰性材质管分别插到 A、B 取样瓶底，用虹吸或其他方法同时将水样通过导管引入 A、B 取样瓶，流速最好为 700mL/min 左右。并使水自然从 A、B 两瓶中溢出至桶内，直至取样桶中的水平面高出 A、B 取样瓶口 15cm 以上为止。

2. 水样的预处理

若水样中有能固定氧或消耗氧的悬浮物质，可用硫酸钾铝溶液絮凝；用待测水样充满 1000mL 带塞瓶中并使水溢出。移 20mL 的硫酸钾铝溶液和 4mL 氨水（GB 631）于待测水样中，加塞、摇匀、静置沉淀，将上层清液吸至细口瓶中，再按测定步骤进行分析。

3. 固定氧和酸化

用一根细长的玻璃管吸 1mL 左右的硫酸锰溶液，将玻璃管插入 A 瓶的中部，放入硫酸锰溶液。然后再用同样的方法加入 5mL 碱性碘化钾混合液、2.00mL 高锰酸钾标准溶液，将 A 瓶置于取样桶水层下，待 A 瓶中沉淀后，于水下打开瓶塞，再在 A 瓶中加入 5mL 硫酸溶液，盖紧瓶塞，取出摇匀。在 B 瓶中首先加入 5mL 硫酸溶液，然后在加入硫酸的同一位置再加入 1mL 左右的硫酸锰溶液，5mL 碱性碘化钾混合液，2.00mL 高锰酸钾标准溶液，不得有沉淀产生，否则重新测试。盖紧瓶塞，取出，摇匀，将 B 瓶置于取样桶水层下。

4. 测定

将 A、B 瓶中溶液分别倒入 2 只 600mL 或 1000mL 烧杯中，用硫代硫酸钠标准滴定溶液滴定至淡黄色，加入 1mL 淀粉溶液继续滴定，溶液由蓝色变无色，用被滴定溶液冲洗原 A、B 瓶，继续滴至无色为终点。

四、数据处理

以 mg/L 表示的水样中溶解氧的含量（以 O_2 计）x_1 按下式计算：

$$x_1 = \left[\frac{M\left(\frac{1}{4}O_2\right)V_1c}{V_A - V'_A} - \frac{M\left(\frac{1}{4}O_2\right)V_2c}{V_B - V'_B}\right] \times 10^3$$

式中　c——硫代硫酸钠标准滴定溶液的浓度，mol/L；

　　　V_1——滴定 A 瓶水样消耗的硫代硫酸钠标准滴定溶液的体积，mL；

　　　V_A——A 瓶的体积，mL；

　　　V'_A——A 瓶中所加硫酸锰溶液、碱性碘化钾混合液、硫酸以及高锰酸钾溶液的体积之和，mL；

　　　V_B——B 瓶的容积，mL；

　　　V_2——滴定 B 瓶水样消耗的硫代硫酸钠标准滴定溶液的体积，mL；

　　　V'_B——B 瓶中所加硫酸锰溶液、碱性碘化钾混合液、硫酸以及高锰酸钾溶液的体积之和，mL；

$M\left(\frac{1}{4}O_2\right)$——$\frac{1}{4}O_2$ 的摩尔质量，g/mol。

若水样进行了预处理，以 mg/L 表示的水样中氧的含量（以 O_2 计）x_2 按下式计算：

$$x_2 = \left(\frac{V}{V - V'}\right) \times x_1$$

式中　V——1000mL 具塞瓶的真实容积，mL；

　　　V'——硫酸钾铝溶液和氨水体积，mL；

　　　x_1——由上式计算所得的值，mg/L。

方法讨论

（1）如果水样是强酸性或强碱性，可用氢氧化钠或硫酸溶液调至中性后测定。

（2）由于加入试剂，样品会由细口瓶中溢出，但影响很小，可以忽略不计。

（3）测定溶解氧，取样时要注意勿使水中含氧量有变化。在取样操作中要按规程进行。

（4）取地表水样。水样应充满水样瓶至溢流，小心以避免溶解氧浓度改变。

（5）从配水系统管路中取样。将一惰性材料管的入口与管路相接，将管子出口插入取样瓶底部，用溢流冲洗的方式充入大约 10 倍取样瓶体积的水，最后注满瓶子，瓶壁上不得留有气泡。

（6）不同深度取样，用一种特别的取样器，内盛取样瓶，瓶上装有橡胶入口管并插入到取样瓶的底部，当溶液充满取样瓶时，将瓶中空气排出。

（7）取出水样后，最好在现场加入硫酸锰和碱性碘化钾溶液，使溶解氧固定在水中，再送至化验室进行测定。

任务 3 ▷ 水中微量铁的测定——邻二氮菲分光光度法

💡 技能操作 ⋯⋯⋯⋯⋯⋯⋯⋯⋯⋯⋯⋯⋯⋯⋯⋯⋯⋯⋯⋯⋯⋯⋯⋯⋯⋯⋯⋯⋯⋯⋯⋯⋯⋯⋯⋯⋯

一、原理分析

1. 邻二氮菲显色原理

邻二氮菲（1,10-二氮杂菲），也称邻菲啰啉是测定微量铁的一个很好的显色剂。在 pH 2～9 范围内（一般控制在 5～6 间）Fe^{2+} 与试剂生成稳定的橙红色配合物，在 510nm 下，其摩尔吸光系数为 $1.1 \times 10^4 L \cdot mol^{-1} \cdot cm^{-1}$，$Fe^{3+}$ 与邻二氮菲作用生成蓝色配合物，稳定性较差，因此在实际应用中常加入还原剂盐酸羟胺使 Fe^{3+} 还原为 Fe^{2+}。

2. 分光光度法原理：

吸光度 $$A = Kbc$$

式中 K——吸收系数；

b——光程（吸收池的宽度）；

c——吸光物质浓度。

3. 定量方法——工作曲线法原理

由公式 $A = Kbc$，在测量条件一致的条件下（λ、b 不变），吸光度 A 与浓度 c 呈正比关系，配制待测物质的系列标准溶液，在相同实验条件下测其吸光度，若以 c 为纵坐标，以 A 为横坐标，可得一条直线，即为工作曲线，在与标准相同的测量条件下测待测试液吸光度，利用工作曲线或曲线方程计算试样中被测组分的含量。

二、仪器与试剂

（1）721 型分光光度计。

（2）50mL 容量瓶 8 个。

（3）移液管 2mL1 支，10mL 1 支。

（4）刻度吸管 10mL、5mL、1mL 各 1 支。

（5）铁标准贮备溶液（20mg/L） 称 0.1404g$(NH_4)_2Fe \cdot (SO_4)_2 \cdot 6H_2O$ 溶于含有 5mL、相对密度 1.84 的 H_2SO_4 的少量水中，再移入 1000mL 容量瓶中，用水定容。

（6）铁标准工作溶液（2μg/mL） 吸取上述贮备液 25.00mL 于 250mL 容量瓶中，用

$0.5\%H_2SO_4$ 定容。

（7）盐酸羟胺 10%（新鲜配制）。

（8）邻二氮菲溶液 0.1%（新鲜配制）。

（9）HAc-NaAc 缓冲溶液，pH＝6。

三、操作步骤

1. 系列标准溶液的配制

准备 6 个 50mL 容量瓶，先用刻度吸量管分别加入铁工作溶液 0.00、2.50mL、5.00mL、7.50mL、10.00mL，再用 25mL 移液管移取 25mL 水样到第 6 个容量瓶中。然后，分别依次加入 5mLHAc-NaAc 缓冲溶液、1mL 盐酸羟胺溶液、1.5mL 邻菲啰啉溶液于 6 个容量瓶中，均用水定容，摇匀，放置 15min 再测定。

2. 吸收曲线的绘制

以试剂空白（指加入工作溶液 0.00mL）为参比溶液（上述系列标准溶液中的第一个），用已配好的系列标准溶液中的一个溶液（一般系列中次浓的）在 721 型分光光度计上，采用 1cm 比色皿，分别测定波长为 480nm、490nm、500nm、510nm、520nm、530nm、580nm 时的吸光度。以波长为横坐标，吸光度为纵坐标绘制吸收曲线，从曲线上求出最大吸收波长。

3. 标准曲线的绘制

调波长于 λ_{max} 处，用 3cm 比色皿以试剂空白为参比溶液，由低浓度到高浓度依次测定系列标准溶液的吸光度。以浓度 c（以 μg 铁表示）为纵坐标，吸光度 A 为横坐标，绘制校正曲线（见图 6-1）。

4. 未知水样的测定

于 λ_{max} 处，用 1cm 比色皿，以试剂空白为参比溶液，将未知水样推入光路中，测得吸光度。从曲线上查得水样含铁的质量（μg），计算出每毫升水样的含铁量。

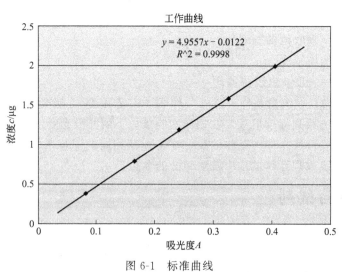

图 6-1　标准曲线

四、数据处理

$$\rho(Fe^{2+}) = \frac{c}{V}$$

式中 $\rho(Fe^{2+})$——每毫升水样的含铁量，$\mu g/mL$；

　　　　　　c——从标准曲线上查得未知水样含铁量（即 50mL 比色溶液中含铁的量），μg；

　　　　　　V——待测水样体积，mL。

方法讨论

（1）试样中的微量铁常采用分光光度法测定，通常有硫氰酸钾法、磺基水杨酸法和邻菲啰啉法。邻菲啰啉法由于灵敏度高、干扰少、生成的有色配合物稳定、重现性好，因而成为广泛应用的方法。

（2）采用邻菲啰啉法测定水中微量铁时，先用酸将以水合氢氧化物形态存在的铁溶解，并用还原剂（盐酸羟胺）把 Fe^{3+} 还原成 Fe^{2+}，在 pH＝6 的 HAc-NaAc 酸性介质中，加入显色剂邻菲啰啉，使之与 Fe^{2+} 生成稳定的橘红色配合物，其最大吸收波长在 510nm 处，摩尔吸收系数 $\varepsilon = 1.1 \times 10^4 \ L \cdot cm^{-1} \cdot mol^{-1}$。

（3）如果酸度过高（pH＜2），显色反应进行缓慢；但酸度过低，Fe^{2+} 水解。因此，一般选择 pH 为 5～6 的 HAc-NaAc 缓冲溶液作为显色介质。

（4）为了确定 Fe^{2+} 和邻菲啰啉生成配合物的最大吸收波长 λ_{max}，必须先制作一定浓度下不同波长对吸光度的吸收曲线；再用 λ_{max} 作为入射光波长，将一系列不同浓度标准溶液显色后，测定其相应的吸光度，绘制浓度-吸光度曲线（标准曲线）。最后，将水样在相同条件下显色，测得吸光度，从标准曲线上求得被测组分的含量。

（5）此法最低检出浓度为 0.05mg/L，测定结果是水中亚铁和高铁的含量。本法广泛用于地面水及废水中铁的测定，但要注意强氧化剂、氰化物、亚硝酸盐的干扰。

项目二　工业废水分析

背景知识

　　铬是一种银白色的坚硬金属。主要以金属铬、三价铬和六价铬三种形式出现。所有铬的化合物都有毒性，其中六价铬毒性最大。六价铬为吞入性毒物/吸入性极毒物，皮肤接触可能导致敏感；更可能造成遗传性基因缺陷，吸入可能致癌，对环境有持久危险性。过量的（超过 10×10^{-6}）六价铬对水生物有致死作用。实验显示受污染饮用水中的六价铬可致癌。六价铬化合物常用于电镀、制革等，动物喝下含有六价铬的水后，六价铬会被体内许多组织和器官的细胞吸收。

　　铅是自然界分布很广的元素，也是工业中常使用的元素之一。铅和可溶性铅盐都有毒性，含铅废水对人体健康和动植物生长都有严重危害。如每日摄取铅量超过 0.3～1.0mg，就可在人体内积累，引起贫血、神经炎等。随着工业技术的迅速发展，工业废水中的重金属铅作为一类污染物，国家排放标准中明确规定含铅废水的排放标准为铅总含量不高于 1mg/L。

任务书

工业废水分析任务书

任务名称	工业废水分析
任务内容	1. 工业废水中铬含量测定 2. 工业废水中铅含量测定 3. 工业废水中 COD 的测定方法
工作标准	GB 18918—2002 部分一类污染物最高允许排放浓度
知识目标	1. 了解铬、铅对环境及人体的危害 2. 理解工业废水中铬、铅含量测定的方法原理
技能目标	1. 通过工业废水中铬、铅含量的测定能够熟练操作紫外-可见分光光度计 2. 能够初步制定废水中有害金属离子的分析方案 3. 能够解读国家标准

国家标准

部分一类污染物最高允许排放浓度（日均值）（GB 18918—2002） 　　单位：mg/L

序号	项目	标准值	序号	项目	标准值
1	总汞	0.001	3	六价铬	0.05
2	总铬	0.1	4	总铅	0.1

任务1 工业废水中铬的测定——二苯碳酰二肼分光光度法

铬及其化合物在工业上应用广泛，冶金、化工、矿物工程、电镀、制革、颜料、制药、轻工纺织、铬盐及铬化物的生产等一系列行业，都会产生大量的含铬废水。

铬的测定方法有原子吸收分光光度法、二苯碳酰二肼分光光度法、硫酸亚铁铵滴定法、极谱法、气相色谱法、中子活化法、化学发光法等。下面介绍二苯碳酰二肼分光光度法。

 技能操作

一、原理分析

在酸性介质中，六价铬与二苯碳酰二肼（DPC）反应，生成紫红色配合物，于 540nm 波长处测定吸光度，求出水样中六价铬的含量。该方法的最低检出浓度为 0.004mg/L，测定上限为 1mg/L。

二、仪器与试剂

（1）紫外可见分光光度计。

（2）50mL 比色管。

（3）二苯碳酰二肼溶液　溶解 1.20g 二苯碳酰二肼于 100mL 的 95％乙醇中，一边搅拌，一边加入 400mL（1+9）硫酸，存于冰箱中，可用 1 个月。

（4）硫酸（1+9）。

（5）铬标准储备液　溶解 0.1414g 预先在 105～110℃烘干的重铬酸钾于水中，转入 1000mL 容量瓶中，加水稀释至标线，此液每毫升含 50.0μg 六价铬。

（6）铬标准溶液　吸取 20.00mL 储备液至 1000mL 容量瓶中，加水稀释至标线。此液每毫升含 1.00μg 六价铬，临用配制。

（7）硫酸（1+1）。

（8）磷酸（1+1）。

（9）高锰酸钾溶液 4%。

（10）尿素溶液 20%。

（11）亚硝酸钠溶液 2%。

三、操作步骤

1. 样品处理

若样品中不含悬浮物，低色度的清洁水样可直接测定。若样品有色但不太深时，应对样品进行色度校正。校正的方法是另取一份试样，以 2mL 丙酮代替显色剂，其他步骤同按测定样品的步骤测定吸光度，然后将样品吸光度扣除比色度校正吸光度。

对混浊、色度较深的样品可采用锌盐沉淀分离法。取适量样品（含六价铬少于 100μg）于 150mL 烧杯中，加水至 50mL，滴加氢氧化钠溶液（4g/L），调节溶液 pH 值为 7～8。在不断搅拌下，滴加氢氧化锌共沉淀剂［80g/L 的硫酸锌（$ZnSO_4 \cdot 7H_2O$）+氢氧化钠溶液（20g/L）］至溶液 pH 值为 8～9。将此溶液移至 100mL 容量瓶中，用水稀释至标线。用慢速滤纸干过滤，弃去 10～20mL 初滤液，取其中 50.0mL 滤液供测定。

2. 标准曲线

向一系列 50mL 比色管中分别加入 0、0.20mL、0.50mL、1.00mL、2.00mL、4.00mL、6.00mL、8.00mL、10.0mL 铬标准溶液（1μg/mL 或 5μg/mL），用水稀释至标线。然后按照测定试样的步骤分别测定吸光度。从测得的吸光度减去空白实验的吸光度后，绘制以六价铬的量对吸光度的曲线。

3. 测定

取适量（含六价铬少于 50μg）无色透明试样，置于 50mL 比色管中，用水稀释至标线。加入 0.5mL 硫酸溶液（1+1）和 0.5mL 磷酸溶液（1+1），摇匀。加入 2mL 二苯碳酰二肼显色剂（2g/L），摇匀，放置 5～10min，在 540nm 波长处，以水作参比，用 1cm 或 3cm 比色皿测定吸光度。

💡 方法讨论

（1）在酸性溶液中，试样中的三价铬用高锰酸钾氧化成六价铬。六价铬与二苯碳酰二肼反应生成紫红色化合物，于波长 540nm 处进行分光光度测定。用亚硝酸钠分解过量的高锰酸钾，而过量的亚硝酸钠可用尿素分解。这种方法测定的是样品中的总铬。若不用高锰酸钾氧化处理水样，测定的是六价铬，总铬量减去六价铬含量即为三价铬含量。

（2）含铁量大于 1mg/L 时显色后呈黄色。六价钼和汞也和显色剂反应，生成有色化合物，但在本方法的显色酸度下，反应不灵敏，钼和汞的浓度达 200mg/L 的不干扰测定。钒含量高于 4mg/L 即干扰显色，但钒与显色剂反应 10min 后可自行退色。

（3）二价铁、亚硫酸盐、硫代硫酸盐等还原性物质干扰测定，可加显色剂，酸化后显色，以消除干扰。

（4）次氯酸盐等氧化性物质干扰测定，可用尿素和亚硝酸钠去除。

（5）显色酸度一般控制 H^+ 浓度在 0.05～0.3mol/L 范围内。

知识补充

氧化还原法处理六价铬废水

氧化还原法是指投加还原剂将六价铬还原为三价铬，最后适当提高 pH 值，生成 $Cr(OH)_3$ 沉淀，再作沉淀分离的方法。通常还原形成三价铬后，与其他重金属离子一起沉淀。

一、六价铬的存在形式

在自然界中不存在简单的六价铬，而仅以 $Cr_2O_7^{2-}$ 或 CrO_4^{2-} 存在于溶液中，二者可以依溶液酸度不同而相互转化：

$$2CrO_4^{2-} + 2H^+ \Longrightarrow Cr_2O_7^{2-} + H_2O$$

一般在废水中主要以 CrO_4^{2-} 形式存在，当废水的 pH 值在 4.24 以下时，全部以 $Cr_2O_7^{2-}$ 存在。

二、常用还原剂及其反应式

1. 亚硫酸氢钠（$NaHSO_3$）

与六价铬的投药比≥4:1，其反应式为：

$$2H_2Cr_2O_7 + 6NaHSO_3 + 6HCl \longrightarrow 2Cr_2(SO_4)_3 + 6NaCl + 8H_2O$$

2. 硫酸亚铁（$FeSO_4 \cdot 7H_2O$）

与六价铬的投药比≥16:1，生成大量铁污泥，早已被淘汰。

3. 焦亚硫酸钠（$Na_2S_2O_5$）

与六价铬的投药比≥3:1，其反应与亚硫酸氢钠的相同，原因是：

$$Na_2S_2O_5 + H_2O \Longrightarrow 2NaHSO_3$$

4. 水合肼（$N_2H_4 \cdot H_2O$）

纯品与六价铬的投药比略大于 1，工业售品的质量分数一般在 40% 左右，其反应式为：

$$N_2H_4 \cdot H_2O + H^+ \longrightarrow N_2H_5^+ + H_2O$$

$$2Cr_2O_7^{2-} + 3N_2H_5^+ + 13H^+ \longrightarrow 4Cr^{3+} + 14H_2O + 3N_2$$

合并上两式：

$$2Cr_2O_7^{2-} + 3N_2H_4 \cdot H_2O + 16H^+ \longrightarrow 4Cr^{3+} + 17H_2O + 3N_2$$

镀铬后若采用水合肼作槽边处理法处理后，污泥中铬的质量分数高达 39.2%，便于回收利用。

5. 其他固体还原剂

其他固体还原剂还有硫代硫酸钠、亚硫酸钠、连二亚硫酸钠等。但考虑购买方便因素，现多采用焦亚硫酸钠。

三、还原 pH 值与沉淀时间

1. 还原 pH 值

上述还原反应都要消耗大量 H^+，因而还原 pH 值应在 $2.5 \sim 3.0$ 以下。pH 值越低，还原速率越快，还原六价铬越彻底；当 pH 值高时，投药比加大，残存还原剂会造成排水 COD 上升而超标。还原前大量投酸，而沉淀重金属又要大量投碱（特别对中和沉淀法），仅此一项就提高了废水处理的成本（特别对六价铬的质量浓度本不高的混合废水）。

2. 沉淀时间

当 pH 值为 2.5 时，用焦亚硫酸钠以投药比 3：1 进行反应，然后用 NaOH 调高溶液的 pH 值至 $6.7 \sim 7.0$，当六价铬的质量浓度为 3g/L 时，沉淀时间为 36min；当六价铬的质量浓度 $\leqslant 0.5$g/L 时，为 4min。故用于处理废液，总耗时长。

四、氢氧化铬稳定存在的条件

1. 适当的 pH

三价铬形成 $Cr(OH)_3$ 的 pH 下限为 5.6。但其为两性氢氧化物，当 $pH \geqslant 12$ 时开始复溶，至 14 时完全溶解。复溶生成亚铬酸盐或生成配合物：

$$Cr(OH)_3 + NaOH \longrightarrow NaCrO_2 + 2H_2O$$

$$Cr(OH)_3 + NaOH \longrightarrow NaCr(OH)_4$$

因此，在调高 pH 值时，应防止局部 pH 值过高而使总铬超标。

2. 污泥处置法处理六价铬废水

存放污泥时，不得接触酸或碱。当将电镀污泥掺与烧砖时，只能烧制青砖；烧制红砖时为氧化焰，会将三价铬氧化为六价铬。

3. 还原时的自动测控

当需对投加还原剂的质量浓度作自动测控时，用 ORP 计（氧化还原电位差计）。在 pH 值为 2.5 时，测控 ORP 值为 250mV。

4. 用亚硫酸氢钠时的副反应

当用亚硫酸氢钠或焦亚硫酸钠作还原剂时，会有下述反应发生：

$$HSO_3^- + H^+ \Longleftrightarrow SO_2 + H_2O$$

生成的二氧化硫溶于水后可对六价铬再起还原作用：

$$SO_2 + H_2O \Longleftrightarrow H_2SO_3$$

$$Na_2Cr_2O_7 + 3H_2SO_3 + H_2SO_4 \longrightarrow Na_2SO_4 + Cr_2(SO_4)_3 + 4H_2O$$

但若二氧化硫以气体形式逸出，则会污染空气，甚至产生酸雨。二氧化硫是否呈气体逸出，取决于其在水中的溶解度，液温越高、局部浓度越大，越易逸出。故在投加还原剂时，应在搅拌条件下，缓慢投加。

任务 2 ⇨ 工业废水中铅含量的测定

铅常被用作原料应用于蓄电池、电镀、颜料、橡胶、农药、燃料等制造业。铅板制作工艺中排放的酸性废水（pH＝3）铅浓度最高，电镀废液产生的废水铅浓度也很高。

含铅废水来自各种电池车间、选矿厂、石油化工厂等。电池工业是含铅废水的最主要来源，据报道，每生产 1 个电池就造成铅损失 4.54～6810mg，其次是石油工业生产汽油添加剂。

尽管铅不如铜、镉那样常见，但它却是废水中的普通组分。尤其是电池厂在生产过程中产生大量含铅废水，废水中铅含量超出国家标准百倍，对地下水源构成很大威胁，如果不进行处理而任意排放，必然给环境与社会带来极大的危害。

铅的测定方法有原子吸收分光光度法、双硫腙分光光度法和阳极溶出伏安法或示波极谱法。

技能操作

一、原理分析

在 pH 为 8.5～9 的氨性柠檬酸盐-氰化钠的还原介质中，铅离子与双硫腙反应生成红色螯合物，用三氯甲烷（或四氯化碳）萃取后，于 510nm 处测定吸光度，求出水样中的铅含量。

方法的最低检出浓度（取 100mL 水样，用 1cm 比色皿时）为 0.01mg/L，测定上限为 0.3mg/L。

二、试剂

（1）铅标准溶液　将 0.159g 硝酸铅 [$Pb(NO_3)_2$]（纯度高于 99.5%）溶于约 200mL 水中，加入 10mL 硝酸，用水稀释到 1000mL 标线。也可以将 0.1000g 纯金属铅（纯度大于 99.9%）溶在 20mL 硝酸（1＋1）中，然后用水稀释到 1000mL 标线。此溶液即为每毫升含 100μg 铅的贮备溶液。

取 20mL 铅标准贮备液，置于 1000mL 容量瓶中，用水稀释到标线，摇匀，此溶液即为每毫升含 2.00μg 的标准工作溶液。

（2）双硫腙标准溶液　称取 100mg 纯净双硫腙溶于 1000mL 氯仿中，贮存于棕色瓶中，放置在冰箱内备用，此溶液即为每毫升含 100μg 双硫腙的贮备液。

若双硫腙试剂不纯，可按下述步骤提纯：称取 0.5g 双硫腙溶于 100mL 氯仿中，用定量滤纸滤去不溶物，滤液置分液漏斗中，每次用 20mL 氨水（1＋100）提取，共提取 5 次，此时，双硫腙进入水层，合并水层并用盐酸（0.5mol/L）中和。再用 250mL 氯仿分三次提取，合并氯仿层，将此双硫腙氯仿溶液放入棕色瓶中，保存于冰箱内备用。此溶液的准确浓度可按下述方法测定：取一定量上述双硫腙氯仿溶液，置于 50mL 容量瓶中以氯仿稀释定容，然后将此溶液置于 1cm 比色皿中，于 606nm 波长测量其吸光度，然后根据 $A = kbc$ [$k = 4.06 \times 10^4$ L/(mol·cm)] 即可求得双硫腙的准确浓度。

取 100mL 双硫腙贮备溶液置于 250mL 容量瓶中，用氯仿稀释到标线。此溶液即为每毫升含 40μg 双硫腙的工作溶液。

三、样品的采集

1. 实验室样品

水样采集后，每 1000mL 水样立即加入 2.0mL 硝酸加以酸化（pH 值约为 1.5），加入

5mL 碘溶液（0.05mol/L）以避免挥发性有机铅化合物在水样处理和消化过程中损失。

2. 试样

若试样中不含悬浮物可直接测定；若试样比较浑浊，每 100mL 试样加入 1mL 硝酸，置于电热板上微沸消解 10min。冷却后用快速滤纸过滤，滤纸用硝酸（1+9）洗涤数次，然后用硝酸（1+9）稀释到一定体积，供测试用。对于含悬浮物和有机物较多的废水，每 100mL 试样（含铅量大于 1μg）加入 5mL 硝酸，在电热板上消解到 10mL 左右，稍冷却，再加入 5mL 硝酸和 2mL 高氯酸（注意：严禁将高氯酸加入到含有还原性有机物的热溶液中，只有预先用硝酸加热处理后才能加入高氯酸，否则会引起强烈爆炸），继续加热消解，蒸发至近干。冷却后，用硝酸（1+9）温热溶解残渣，再冷却后，用快速滤纸过滤，滤纸用硝酸（1+9）洗涤数次，滤液用硝酸（1+9）稀释定容，供测定用。

四、操作步骤

1. 显色萃取

向试样（含铅量不超过 30μg，最大体积不大于 100mL）中加入 10mL 硝酸（1+4）和 50mL 柠檬酸盐-氰化钠还原性溶液，摇匀后冷却到室温，加入 10mL 双硫腙工作溶液，塞紧后，剧烈摇动分液漏斗 30s，然后放置分层。

2. 吸光度的测量

在分液漏斗的颈管内塞入一小团无铅脱脂棉花，然后放出下层有机相，弃去 1~2mL 氯仿层，用 1cm 比色皿，在 510nm 波长处测量萃取液的吸光度，由测量所得吸光度扣除空白实验吸光度。再根据校准曲线求出铅含量。

3. 校准曲线

向一系列 250mL 分液漏斗中，分别加入铅工作标准溶液 0mL、0.50mL、1.00mL、5.00mL、7.50mL、10.00mL、12.50mL、15.00mL。各加适量无铅去离子水至 100mL，然后按上述的步骤进行测定，将测得的吸光度扣除试剂空白的吸光度后，绘制吸光度对铅含量的曲线。

💡 方法讨论

（1）铋、锡和铊的双硫腙盐与双硫腙铅的最大吸收波长不同，在 510nm 和 465nm 分别测量试样的吸光度，可以检查干扰是否存在。从每个波长位置的试样吸光度中扣除同一波长位置空白实验的吸光度，计算出试样吸光度的校正值。计算 510nm 处吸光度校正值与 465nm 处吸光度校正值的比值。吸光度校正值的比值对双硫腙铅盐为 2.08，而对双硫腙铋盐为 1.07。如果求得的比值明显小于 2.08，即表明存在干扰。另取 100mL 试样，若试样未经消化，加入 5mL 亚硫酸钠溶液（50g/L）以还原残留的碘，根据需要，用硝酸（1+4）或氨水（1+9）将试样的 pH 值调为 2.5，将试样转入 250mL 分液漏斗中，用双硫腙专用溶液至少萃取 3 次，每次用 10mL，或者萃取到氯仿层呈明显的绿色为止。然后用氯仿萃取，每次用 20mL，以除去双硫腙（绿色消失）。水相备用。

（2）在 pH=8~9 时，Bi^{3+}、Sn^{2+} 等产生干扰，一般先在 pH=2~3 时用双硫腙三氯甲烷萃取除去，同时除去铜、汞、银等离子。水样中的氧化性物质（如 Fe^{3+}）易氧化双硫腙，在氨性介质中加入盐酸羟胺去除。加入氰化钠可掩蔽铜、锌、镍、钴等离子，加入柠檬酸盐配位可掩蔽钙、镁、铝、铬、铁等离子，防止氢氧化物沉淀。

🔖 知识补充

含铅废水处理工艺

目前含铅废水的处理工艺，应用较多、较成熟可靠的技术有：离子交换法、沉淀法、吸附法、电解法以及以上工艺的组合。

一、离子交换法

离子交换法的原理是利用离子交换剂分离废水中有害物质的方法，常用的离子交换剂有离子交换树脂、沸石等。离子交换是靠交换剂自身所带的能自由移动的离子与被处理的溶液中的离子通过离子交换来实现的。推动离子交换的动力是离子间浓度差和交换剂上的功能基对离子的亲和能力。

在对炸药厂废水的处理研究中，使用强酸性阳离子交换树脂、在 pH 值 5.0～5.2 时，用磷酸树脂对排放水进行离子交换处理，铅含量可降到 0.20～0.53mg/L；在对离子交换工艺及相应工艺条件运行及考察，含铅量 10mg/L 的废水经离子交换处理，排出水含铅量为 0.14～0.18mg/L，达到国家排放水质量标准。利用由氯甲基化交联的聚苯乙烯氧化制得的带羧基的强酸性阳离子交换树脂，在 pH＝2.5、流速为 15m/h，可以处理 700 倍树脂体积的废液流，排放量可以达到 0.01mg/L 以下。

离子交换法除铅工艺的特点是：①除铅彻底，工业含铅废水可实现达标排放；②对环境污染危害小，污泥少；③离子交换树脂的使用寿命长达 5 年以上，可经再生反复使用；④离子交换装置占地面积小。

二、沉淀法

沉淀法是工业处理含铅废水的一种重要工艺，主要分为化学沉淀法和物理沉淀法，化学沉淀法主要是选择合适的化学沉淀剂将铅离子转化为不溶性的铅盐与无机颗粒一起沉降。物理沉淀法主要是絮凝沉淀法，选择主要的絮凝剂使铅离子变成中性的微粒，在分子的作用下，加快沉降速度，实现固液分离。

1. 化学沉淀法

化学沉淀法是目前使用较为普遍的方法。其又可以分为氢氧化物沉淀法、硫化物沉淀法、碳酸盐沉淀法等。所用沉淀剂有石灰、烧碱、硫化盐、纯碱以及磷酸盐。其中氢氧化物沉淀法应用较多。重金属离子与 OH^- 能否生成难溶的氢氧化物沉淀，取决于溶液中重金属离子的浓度和 OH^- 的浓度。最有效的氢氧化铅沉淀发生在 pH 值为 9.2～9.5 时，在此 pH 值范围内处理的排水，铅含量为 0.01～0.03mg/L，在更高的 pH 值时会出现反溶现象，氢氧化物沉淀形成的效果急速下降，所以控制好 pH 值是本方法的关键。硫化物沉淀法是向溶液中投入硫化钠等沉淀剂，使废水中的 Pb 生成 PbS 沉淀，PbS 溶解度很小，其溶度积为 $3.48×10^{-28}$，在热水中几乎不溶，每除去 1mg 铅离子理论上只需加入 0.1544mg 硫离子。磷酸盐沉淀法是以 Na_3PO_4 作沉淀剂，生成 $Pb_3(PO_4)_2$ 沉淀。其在水中的溶解度很小，有利于从废水中沉淀析出。

2. 絮凝法

利用向废水中投加絮凝剂的方法，捕捉重金属，形成与废水中杂质粒子带相仿电荷的胶体，然后靠重力沉降予以分离，目前国内常用的絮凝剂有金属盐类和高分子聚合物两大类。前者主要有铝盐和铁盐，后者主要有聚丙烯酰胺等。

三、吸附法

吸附法也是一种常用的含铅废水处理工艺，根据它的作用机理的不同也可以分为物理吸附法和生物吸附法。

1. 物理吸附法

物理吸附法是利用吸附剂特殊的物理化学性质，如较高的表面活性、较大的比表面积、特殊的微孔结构等。常用的吸附剂有改性膨润土、粉煤灰、沸石、陶土、活性炭等。这种处理工艺具有除铅效率高、成本适中、不造成二次污染的特点，因此具有良好的使用前景，特别是对一些吸附剂的改性之后处理效果更加可观。

2. 生物吸附法

微生物对重金属具有很强的亲和吸附性能，通过物理化学作用将重金属吸附在胞外聚合物的结合点上，从而从水中去除，活的和死的微生物对重金属离子都有较强的吸附能力。这些微生物主要有藻类、真菌、细菌等。该法以其原材料来源丰富、成本低、吸附速度快、吸附量大、选择性好、无毒、无害、无二次污染等特点正受到越来越多的重视。

四、电解法

电解法的原理是重金属离子在阴极表面得到电子而被还原为金属。电解法处理废水一般无需加入很多化学药品，处理简单、占地面积小、管理方便、污泥量小，所以被称为清洁处理法。这种方法可直接得到纯金属，可以回收使用重金属。三维电极电解法的提出是电解法的革新，使得含铅废水通过电解法的深度净化成为可能。三维电极电解法通过增大电极表面积实现低电流密度下电解，减小了浓差极化，从而提高了电流效率。目前使用三维电极电解处理废水中的铅已经取得了较好的效果，并已应用于实践中。R-C·Wjdener 等人使用网状玻璃炭电极对酸性含铅废水进行了研究，在 $0.88\text{V}(\text{vs. SCE})$ 的电位下，使用 0.5mol/L 硼酸作缓冲溶液，得出最佳条件是阴极孔隙率 80ppi，流速 240L/h。可使初始浓度为 50mg/L 的含铅废水降至 0.1mg/L，电流效率还可达到 14%。实现了含铅废水的深度净化。

任务 3 ▷ 工业废水中 COD 的测定

⚗️ 技能操作 ⋯⋯⋯⋯⋯⋯⋯⋯⋯⋯⋯⋯⋯⋯⋯⋯⋯⋯⋯⋯⋯⋯⋯⋯⋯

一、原理介绍

水样在硫酸-磷酸-硫酸银溶液中，用重铬酸钾消化 10min，过量的重铬酸钾以试亚铁灵为指示剂，用硫酸亚铁铵滴定，根据所消耗重铬酸钾的量计算水样中的化学需氧量。

二、仪器与试剂

(1) 带 500mL 锥形瓶全玻璃回流装置。

（2）50mL 滴定管。

（3）加热装置　1kW 可调电炉。

（4）重铬酸钾标准溶液　$c(1/5K_2Cr_2O_7) = 0.2500$mol/L。

（5）硫酸亚铁铵标准溶液　$c[(NH_4)_2FeSO_4] = 0.2500$mol/L。

（6）硫酸：磷酸：硫酸银溶液　称取 10g 硫酸银溶于 1000mL（1+1）硫磷混酸中。

（7）试亚铁灵指示剂溶液　称取 1.485g 邻菲啰啉和 0.695g 硫酸亚铁溶于水中，稀释至 100mL，摇匀，倒入棕色瓶中。

（8）化学纯硫酸汞。

三、操作步骤

用 5mL 移液管准确量取 5.00mL 混合均匀的水样，于 500mL 磨口回流锥形瓶中（见图 6-2），加几粒洗净的沸石。

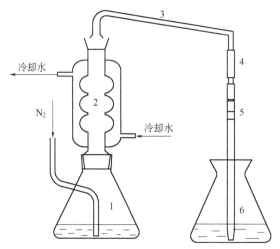

图 6-2　回流吸收装置

1—插管三角烧瓶；2—冷凝管；3—导出管；

4，5—硅胶橡皮接管；6—吸收瓶

准确加入 5.00mL 0.2500mol/L 重铬酸钾标准溶液，放到加热装置上，连接好回流装置。

打开冷凝水，缓慢地从冷凝管上部加入 25mL 硫酸-磷酸-硫酸银溶液，轻轻摇动锥形瓶使溶液均匀；加热回流 10min，关闭加热装置。

冷却后用 100mL 蒸馏水冲洗回流冷凝管的瓶口，取下锥形瓶继续冷却至室温；加 3 滴试亚铁灵指示剂，用 0.2500mol/L 硫酸亚铁铵滴定，颜色由黄色经蓝绿色至红褐色即为终点；记录硫酸亚铁铵的用量。用蒸馏水作空白（V_0）。

四、数据处理

$$化学需氧量 COD(mg/L) = \frac{(V_0 - V_1)cM\left(\frac{1}{2}O\right) \times 1000}{V}$$

式中　　c——硫酸亚铁铵标准溶液的浓度，mol/L；

　　　　V_0——空白滴定时硫酸亚铁铵标准溶液的体积，mL；

　　　　V_1——废水样滴定时硫酸亚铁铵标准溶液的体积，mL；

　　　　V——废水样体积，mL；

$$M\left(\frac{1}{2}O\right)——\frac{1}{2}O \text{ 的摩尔质量，8g/mol。}$$

方法讨论

（1）COD 的测定结果应保留三位有效数字。

（2）每次实验时，应对硫酸亚铁铵标准溶液进行标定，室温较高时尤其注意其浓度的变化。

　　标定方法如下：于空白试验结束后的溶液中，准确加入 5.00mL 0.2500mol/L 重铬酸钾标准溶液，混匀，用硫酸亚铁铵溶液滴定，溶液的颜色由黄色经蓝绿色至红褐色即为终点。

$$c\left[(NH_4)_2Fe(SO_4)_2\right]=\frac{0.25\times 5.00}{V}$$

式中　　c——硫酸亚铁铵标准溶液的浓度，mol/L；

　　　　V——硫酸亚铁铵标准溶液的体积，mL。

（3）回流冷凝管不能用软质乳胶管，否则容易老化、变形、冷却水不通畅。

（4）用手摸冷却水时不能有温感，否则测定结果偏低。

（5）滴定时不能剧烈摇动锥形瓶，瓶内试液不能溅出水花，否则影响测定结果。

（6）稀释时，所取废水样不得少于 5mL，如果化学需氧量很高，则废水样应多次逐级稀释。

（7）本方法适用于化学需氧量值高于 50mg/L 水样的测定。

（8）如废水中氯离子量超过 30mg/L 时，应先加 0.2g 硫酸汞。

（9）如果加热后溶液呈绿色，说明化学需氧量较高，应重新取水样并稀释到水样的相应倍数后，再按照操作步骤继续（直至加热后溶液不变绿色为止），此时计算结果应乘以稀释倍数。

习题

1. 水可以分为_____、_____和_____。

2. 水质指标有哪些？什么是水质标准？

3. 水质分析目的有哪些？

4. 水样中溶解氧和 pH 两项为什么要先分析？

5. 溶解氧的测定原理是什么？有哪些干扰因素？怎样消除？需注意哪些问题才能得到可靠的结果？

6. 用邻菲啰啉方法测定水中微量铁的含量中，抗坏血酸的作用是什么？

阅读材料

防水型多参数水质检测仪 CX-401
● 荣获欧洲实验室 2002（EUROLAB 2002）国际金奖

防水型多参数水质检测仪 CX-401 尺寸小，具备 400 系列测量 pH 值、电导率、溶解氧的所有功能；二种供电模式（电池或 12V 电源适配器），能在室内或长时间在户外工作，可选用充电电池，充电时直接插在测量仪上。

1. 测量功能

在测量范围内能准确测量 pH 值（精度 0.002pH）。

能精确测量 ORP（精度 0.1mV）。

能测量纯水或高盐度水。

在测量盐度时（NaCl 或 KCl），能自动修正电导率对盐度的影响。

能测量 TDS。

测量电导率时可改变参考温度。

能测量大气压。

测量溶解氧时，能自动修正大气压和盐度的影响，从而使测量工作极其简单。

温度测量范围宽。

数据存储器能记录 200 组连续或独立的测试结果，附温度、时间和日期。可选配能记录 450 或 950 套数据的存储器。

能连接电脑或打印机。

所有功能操作一致，测量简便。

2. 技术指标

测量参数	pH	mV	电导率	盐度	℃	$w(O_2)/\%$	$\rho(O_2)/(mg/L)$
测量范围	$-2.000\sim$ 16.000	$\pm1000mV$	$0\sim2000mS/cm$	$0\sim200g/L\ KCl$ $0\sim300g/L\ NaCl$	$-50\sim199.9$	$0\sim400$	$0\sim60.00$
精度(±1位)	0.002pH	$\pm0.1mV$	$>20mS/cm$	0.1% 0.25%	$\pm0.1℃$	1%	0.1mg/L
温度补偿	$-5\sim110℃$	—	\multicolumn{2}{}{$-5\sim70℃$}	—	$0\sim40℃$	$0\sim40℃$
输入阻抗	$10^{12}\Omega$	—	—	—	—	—	—
尺寸/mm	\multicolumn{7}{}{$L=149,W=82,H=22$}						
质量/g	\multicolumn{7}{}{230}						

多参数水质检测仪

CX-501 和 CX-502

1. 特点

实验室台式设计，高精度和高分辨率，需 12V 电源适配器。

测量仪具备 pH 计、电导率仪、溶解氧测量仪之功能。

CX-502 型测量仪配备了 60mm 热敏打印机。

2. 功能

全量程范围内能准确测量 pH 值（精度 0.002pH）。

准确测量 ORP（精度 0.1mV）。

可测量超纯水和高盐度水中电导率。

根据溶液的化学特性，准确地将电导率转化成盐度（NaCl 或 KCl 当量）。

从电导率测量结果演算 TDS。

电导率测定中可更改参考温度。

能测定大气压。

自动计算大气压和盐度对氧气浓度的影响。

RS-232 输出端口，能与计算机或标准打印机连接。

数据存储器可记录 200 套连续或独立的数据结果，附有温度、时间、日期，数据能输出到计算机，也可选配能记录 450 或 950 个数据存储器。

所有测量功能高度集成，使得复杂工作简单化。

3. 技术指标

测量参数	pH	mV	电导率	盐度	℃	$w(O_2)/\%$	$\rho(O_2)/(mg/L)$
测量范围	$-2.000\sim$ 16.000	$\pm1000mV$	$0\sim2000mS/cm$	$0\sim200g/LKCl$ $0\sim300g/L\ NaCl$	$-50\sim199.9$	$0\sim400$	$0\sim60.00$
精度	$\pm0.002pH$	$\pm0.1mV$	$>20mS/cm$	0.1% 0.25%	$\pm0.1℃$	1%	$0.1mg/L$
温度补偿	$-5\sim110℃$	—	$-5\sim70℃$		—	$0\sim40℃$	$0\sim40℃$
输入阻抗	$10^{12}\Omega$	—	—		—	—	—
尺寸	$L=200,W=180,H=20/50$						
质量	CX-501　595g,CX-502　700g						

附　　录

附录 1　常见化合物的摩尔质量

化合物	M /(g/mol)	化合物	M /(g/mol)	化合物	M /(g/mol)
Ag_3AsO_4	462.52	$FeSO_4 \cdot 7H_2O$	278.01	$(NH_4)_2C_2O_4$	124.10
$AgBr$	187.77	$Fe(NH_4)_2(SO_4)_2 \cdot 6H_2O$	392.13	$(NH_4)_2C_2O_4 \cdot H_2O$	142.11
$AgCl$	143.32	H_3AsO_3	125.94	NH_4SCN	76.12
$AgCN$	133.89	H_3AsO_4	141.94	NH_4HCO_3	79.06
$AgSCN$	165.95	H_3BO_3	61.83	$(NH_4)_2MoO_4$	196.01
$AlCl_3$	133.34	HBr	80.91	NH_4NO_3	80.04
Ag_2CrO_4	331.73	HCN	27.03	$(NH_4)_2HPO_4$	132.06
AgI	234.77	$HCOOH$	46.03	$(NH_4)_2S$	68.14
$AgNO_3$	169.87	CH_3COOH	60.05	$(NH_4)_2SO_4$	132.13
$AlCl_3 \cdot 6H_2O$	241.43	H_2CO_3	62.02	NH_4VO_3	116.98
$Al(NO_3)_3$	213.00	$H_2C_2O_4$	90.04	Na_3AsO_3	191.89
$Al(NO_3)_3 \cdot 9H_2O$	375.13	$H_2C_2O_4 \cdot 2H_2O$	126.07	$Na_2B_4O_7$	201.22
Al_2O_3	101.96	$H_2C_4H_4O_4$（丁二酸）	118.09	$Na_2B_4O_7 \cdot 10H_2O$	381.37
$Al(OH)_3$	78.00	$H_2C_4H_4O_6$（酒石酸）	150.09	$NaBiO_3$	279.97
$Al_2(SO_4)_3$	342.14	$H_3C_6H_5O_7 \cdot H_2O$（柠檬酸）	210.14	$NaCN$	49.01
$Al_2(SO_4)_3 \cdot 18H_2O$	666.41	$H_2C_4H_4O_5$（DL-苹果酸）	134.09	$NaSCN$	81.07
As_2O_3	197.84	$HC_3H_6NO_2$（DL-α-丙氨酸）	89.10	Na_2CO_3	105.99
As_2O_5	229.84	HCl	36.46	$Na_2CO_3 \cdot 10H_2O$	286.14
As_2S_3	246.03	HF	20.01	$Na_2C_2O_4$	134.00
$BaCO_3$	197.34	HI	127.91	CH_3COONa	82.03
BaC_2O_4	225.35	HIO_3	175.91	$CH_3COONa \cdot 3H_2O$	136.08
$BaCl_2$	208.24	HNO_2	47.01	$Na_3C_6H_5O_7$（柠檬酸钠）	258.07
$BaCl_2 \cdot 2H_2O$	244.27	HNO_3	63.01	$NaC_5H_8NO_4 \cdot H_2O$（L-谷氨酸钠）	187.13
$BaCrO_4$	253.32	H_2O	18.015	$NaCl$	58.44
BaO	153.33	H_2O_2	34.02	$NaClO$	74.44
$Ba(OH)_2$	171.34	H_3PO_4	98.00	$NaHCO_3$	84.01
$BaSO_4$	233.39	H_2S	34.08	$Na_2HPO_4 \cdot 12H_2O$	358.14

化合物	M /(g/mol)	化合物	M /(g/mol)	化合物	M /(g/mol)
$BiCl_3$	315.34	H_2SO_3	82.07	$Na_2H_2C_{10}H_{12}O_8N_2$ （EDTA 二钠盐）	336.21
$BiOCl$	260.43	H_2SO_4	98.07	$Na_2H_2C_{10}H_{12}O_8N_2 \cdot 2H_2O$	372.24
CO_2	44.01	$Hg(CN)_2$	252.63	$NaNO_2$	69.00
CaO	56.08	$HgCl_2$	271.50	$NaNO_3$	85.00
$CaCO_3$	100.09	Hg_2Cl_2	472.09	Na_2O	61.98
CaC_2O_4	128.10	HgI_2	454.40	Na_2O_2	77.98
$CaCl_2$	110.99	$Hg_2(NO_3)_2$	525.19	$NaOH$	40.00
$CaCl_2 \cdot 6H_2O$	219.08	$Hg_2(NO_3)_2 \cdot 2H_2O$	561.22	Na_3PO_4	163.94
$Ca(NO_3)_2 \cdot 4H_2O$	236.15	$Hg(NO_3)_2$	324.60	Na_2S	78.04
$Ca(OH)_2$	74.09	HgO	216.59	$Na_2S \cdot 9H_2O$	240.18
$Ca_3(PO_4)_2$	310.18	HgS	232.65	Na_2SO_3	126.04
$CaSO_4$	136.14	$HgSO_4$	296.65	Na_2SO_4	142.04
$CdCO_3$	172.42	Hg_2SO_4	497.24	$Na_2S_2O_3$	158.10
$CdCl_2$	183.82	$KAl(SO_4)_2 \cdot 12H_2O$	474.38	$Na_2S_2O_3 \cdot 5H_2O$	248.17
CdS	144.47	KBr	119.00	$NiCl_2 \cdot 6H_2O$	237.70
$Ce(SO_4)_2$	332.24	$KBrO_3$	167.00	NiO	74.70
$Ce(SO_4)_2 \cdot 4H_2O$	404.30	KCl	74.55	$Ni(NO_3)_2 \cdot 6H_2O$	290.80
$CoCl_2$	129.84	$KClO_3$	122.55	NiS	90.76
$CoCl_2 \cdot 6H_2O$	237.93	$KClO_4$	138.55	$NiSO_4 \cdot 7H_2O$	280.86
$Co(NO_3)_2$	182.94	KCN	65.12	$Ni(C_4H_7N_2O_2)_2$ （丁二酮肟合镍）	288.91
$Co(NO_3)_2 \cdot 6H_2O$	291.03	$KSCN$	97.18	P_2O_5	141.95
CoS	90.99	K_2CO_3	138.21	$PbCO_3$	267.21
$CoSO_4$	154.99	K_2CrO_4	194.19	PbC_2O_4	295.22
$CoSO_4 \cdot 7H_2O$	281.10	$K_2Cr_2O_7$	294.18	$PbCl_2$	278.10
$CO(NH_2)_2$（尿素）	60.06	$K_3Fe(CN)_6$	329.25	$PbCrO_4$	323.19
$CS(NH_2)_2$（硫脲）	76.116	$K_4Fe(CN)_6$	368.35	$Pb(CH_3COO)_2 \cdot 3H_2O$	379.30
C_6H_5OH	94.113	$KFe(SO_4)_2 \cdot 12H_2O$	503.24	$Pb(CH_3COO)_2$	325.29
CH_2O	30.03	$KHC_2O_4 \cdot H_2O$	146.14	PbI_2	461.01
$C_{14}H_{14}N_3SO_3Na$ （甲基橙）	327.33	$KHC_2O_4 \cdot H_2C_2O_4 \cdot H_2O$	254.19	$Pb(NO_3)_2$	331.21
$C_6H_5NO_3$ （硝基酚）	139.11	$KHC_4H_4O_6$ （酒石酸氢钾）	188.18	PbO	223.20
$C_4H_8N_2O_2$ （丁二酮肟）	116.12	$KHC_8H_4O_4$ （邻苯二甲酸氢钾）	204.22	PbO_2	239.20
$(CH_2)_6N_4$ （六亚甲基四胺）	140.19	$KHSO_4$	136.16	$Pb_3(PO_4)_2$	811.54
$C_7H_5O_6S \cdot 2H_2O$ （磺基水杨酸）	254.22	KI	166.00	PbS	239.30

化合物	M /(g/mol)	化合物	M /(g/mol)	化合物	M /(g/mol)
C_9H_6NOH (8-羟基喹啉)	145.16	KIO_3	214.00	$PbSO_4$	303.30
$C_{12}H_8N_2 \cdot H_2O$ (邻菲啰啉)	198.22	$KIO_3 \cdot HIO_3$	389.91	SO_3	80.06
$C_2H_5NO_2$ (氨基乙酸、甘氨酸)	75.07	$KMnO_4$	158.03	SO_2	64.06
$C_6H_{12}N_2O_4S_2$ (L-胱氨酸)	240.30	$KNaC_4H_4O_6 \cdot 4H_2O$	282.22	$SbCl_3$	228.11
$CrCl_3$	158.36	KNO_3	101.10	$SbCl_5$	299.02
$CrCl_3 \cdot 6H_2O$	266.45	KNO_2	85.10	Sb_2O_3	291.50
$Cr(NO_3)_3$	238.01	K_2O	94.20	Sb_2S_3	339.68
Cr_2O_3	151.99	KOH	56.11	SiF_4	104.08
$CuCl$	99.00	K_2SO_4	174.25	SiO_2	60.08
$CuCl_2$	134.45	$MgCO_3$	84.31	$SnCl_2$	189.60
$CuCl_2 \cdot 2H_2O$	170.48	$MgCl_2$	95.21	$SnCl_2 \cdot 2H_2O$	225.63
$CuSCN$	121.62	$MgCl_2 \cdot 6H_2O$	203.30	$SnCl_4$	260.50
CuI	190.45	MgC_2O_4	112.33	$SnCl_4 \cdot 5H_2O$	350.58
$Cu(NO_3)_2$	187.56	$Mg(NO_3)_2 \cdot 6H_2O$	256.41	SnO_2	150.69
$Cu(NO_3) \cdot 3H_2O$	241.60	$MgNH_4PO_4$	137.32	SnS_2	150.75
CuO	79.54	MgO	40.30	$SrCO_3$	147.63
Cu_2O	143.09	$Mg(OH)_2$	58.32	SrC_2O_4	175.64
CuS	95.61	$Mg_2P_2O_7$	222.55	$SrCrO_4$	203.61
$CuSO_4$	159.06	$MgSO_4 \cdot 7H_2O$	246.47	$Sr(NO_3)_2$	211.63
$CuSO_4 \cdot 5H_2O$	249.68	$MnCO_3$	114.95	$Sr(NO_3)_2 \cdot 4H_2O$	283.69
$FeCl_2$	126.75	$MnCl_2 \cdot 4H_2O$	197.91	$SrSO_4$	183.69
$FeCl_2 \cdot 4H_2O$	198.81	$Mn(NO_3)_2 \cdot 6H_2O$	287.04	$ZnCO_3$	125.39
$FeCl_3$	162.21	MnO	70.94	$UO_2(CH_3COO)_2 \cdot 2H_2O$	424.15
$FeCl_3 \cdot 6H_2O$	270.30	MnO_2	86.94	ZnC_2O_4	153.40
$FeNH_4(SO_4)_2 \cdot 12H_2O$	482.18	MnS	87.00	$ZnCl_2$	136.29
$Fe(NO_3)_3$	241.86	$MnSO_4$	151.00	$Zn(CH_3COO)_2$	183.47
$Fe(NO_3)_3 \cdot 9H_2O$	404.00	$MnSO_4 \cdot 4H_2O$	223.06	$Zn(CH_3COO)_2 \cdot 2H_2O$	219.50
FeO	71.85	NO	30.01	$Zn(NO_3)_2$	189.39
Fe_2O_3	159.69	NO_2	46.01	$Zn(NO_3)_2 \cdot 6H_2O$	297.48
Fe_3O_4	231.54	NH_3	17.03	ZnO	81.38
$Fe(OH)_3$	106.87	CH_3COONH_4	77.08	ZnS	97.44
FeS	87.91	$NH_2OH \cdot HCl$ (盐酸羟胺)	69.49	$ZnSO_4$	161.54
Fe_2S_3	207.87	NH_4Cl	53.49	$ZnSO_4 \cdot 7H_2O$	287.55
$FeSO_4$	151.91	$(NH_4)_2CO_3$	96.09		

附录 2　常用缓冲溶液的配制

pH 值	配制方法
3.6	NaAc·3H$_2$O 16g,溶于适量水中,加 6mol/L HAc 268mL,稀释至 1L
4.0	NaAc·3H$_2$O 40g,溶于适量水中,加 6mol/L HAc 268mL,稀释至 1L
4.5	NaAc·3H$_2$O 64g,溶于适量水中,加 6mol/L HAc 136mL,稀释至 1L
5	NaAc·3H$_2$O 100g,溶于适量水中,加 6mol/L HAc 68mL,稀释至 1L
5.7	NaAc·3H$_2$O 200g,溶于适量水中,加 6mol/L HAc 26mL,稀释至 1L
7	NH$_4$Ac 154g,溶于适量水中,稀释至 1L
7.5	NH$_4$Cl 120g,溶于适量水中,加 15mol/L 氨水 2.8mL,稀释至 1L
8	NH$_4$Cl 100g,溶于适量水中,加 15mol/L 氨水 7mL,稀释至 1L
8.5	NH$_4$Cl 80g,溶于适量水中,加 15mol/L 氨水 17.6mL,稀释至 1L
9	NH$_4$Cl 70g,溶于适量水中,加 15mol/L 氨水 48mL,稀释至 1L
9.5	NH$_4$Cl 60g,溶于适量水中,加 15mol/L 氨水 130mL,稀释至 1L
10	NH$_4$Cl 54g,溶于适量水中,加 15mol/L 氨水 294mL,稀释至 1L
10.5	NH$_4$Cl 18g,溶于适量水中,加 15mol/L 氨水 350mL,稀释至 1L
11	NH$_4$Cl 6g,溶于适量水中,加 15mol/L 氨水 414mL,稀释至 1L

附录 3　常用指示剂

序号	名称	pH 变色范围	酸色	碱色	浓度
1	甲基紫(第一次变色)	0.13～0.5	黄	绿	0.1%水溶液
2	甲酚红(第一次变色)	0.2～1.8	红	黄	0.04%乙醇溶液
3	甲基紫(第二次变色)	1.0～1.5	绿	蓝	0.1%水溶液
4	百里酚蓝(第一次变色)	1.2～2.8	红	黄	0.1%乙醇溶液
5	甲基紫(第三次变色)	2.0～3.0	蓝	紫	0.1%水溶液
6	溴酚蓝	3.0～4.6	黄	蓝	0.1%乙醇溶液
7	甲基橙	3.1～4.4	红	黄	0.1%水溶液
8	溴甲酚绿	3.8～5.4	黄	蓝	0.1%乙醇溶液
9	甲基红	4.4～6.2	红	黄	0.1%乙醇溶液
10	溴百里酚蓝	6.0～7.6	黄	蓝	0.1%乙醇溶液
11	中性红	6.8～8.0	红	黄	0.1%乙醇溶液
12	甲酚红(第二次变色)	7.2～8.8	黄	红	0.04%乙醇溶液
13	百里酚蓝(第二次变色)	8.0～9.6	黄	蓝	0.1%乙醇溶液
14	酚酞	8.2～10.0	无色	紫红	0.1%乙醇溶液
15	百里酚酞	9.4～10.6	无色	蓝	0.1%乙醇溶液
16	达旦黄	12.0～13.0	黄	红	0.1%水溶液

附录 4　常用坩埚及其使用方法

一、其他非金属器皿

1. 聚四氟乙烯坩埚

聚四氟乙烯是热塑性塑料,色泽白,有蜡状感,化学性能稳定,耐热性好,机械强度好,最高工作温度可达 250℃;一般在 200℃ 以下使用,可以代替铂器皿用于处理氢氟酸;特别注意的是在 415℃ 以上急剧分解,并放出有毒的全氟异丁烯气体。

2. 瓷坩埚

化验室所用瓷器皿，实际上是上釉的陶器，它的熔点较高（1410℃），可耐高温灼烧，如瓷坩埚可以加热至1200℃，灼烧后其质量变化很小，故常用于灼烧与称量沉淀。高型瓷坩埚可于隔绝空气的条件下处理样品。

3. 刚玉坩埚

天然的刚玉几乎是纯的氧化铝。人造刚玉是由纯的氧化铝经高温烧结而成，它耐高温，熔点为2045℃，硬度大，对酸碱有相当的抗腐蚀能力。

刚玉坩埚可用于某些碱性熔剂的熔融和烧结，但温度不宜过高，且时间要尽量短，在某些情况下可代替镍、铂坩埚，但在测定铝和铝对测定有干扰的情况下不能使用。

4. 石英坩埚

石英玻璃的化学成分是二氧化硅，由于原料不同可分为透明、半透明和不透明的熔融石英玻璃。

透明石英玻璃是用天然无色透明的水晶高温熔炼而成的。半透明石英是由天然纯净的脉石英或石英砂制成的，因其含有许多熔炼时未排净的气泡而呈半透明状。透明石英玻璃的理化性能优于半透明石英，主要用于制造实验室玻璃仪器及光学仪器等。

石英玻璃仪器外表上与玻璃仪器相似，无色透明，但比玻璃仪器价格贵、更脆、易破碎，使用时须特别小心，通常与玻璃仪器分别存放，妥善保管。

二、金属器皿

1. 铂坩埚

铂又称白金，价格比黄金贵，因其具有许多优良的性质，故经常使用。铂的熔点高达1774℃，化学性质稳定，在空气中灼烧后不发生化学变化，也不吸收水分，大多数化学试剂对它无侵蚀作用。

铂器皿的使用应遵守下列规则：

（1）对铂的领取、使用、消耗和回收都要制定严格的制度。

（2）铂质地软，即使含有少量铑铱的合金也较软，所以拿取铂器皿时勿太用力，以免其变形。在脱熔块时，不能用玻璃棒等尖锐物体从铂器皿中刮取，以免损伤内壁；也不能将热的铂器皿骤然放入冷水中，以免发生裂纹。已变形的铂坩埚或器皿可用其形状相吻合的水模进行校正（但已变脆的碳化铂部分要均匀用力矫正）。

（3）铂器皿在加热时，不能与其他任何金属接触，因为在高温下铂易与其他金属生成合金，所以，铂坩埚必须放在铂三角架上或陶瓷、黏土、石英等材料的支持物上灼烧，也可放在垫有石棉板的电热板或电炉上加热，但不能直接与铁板或电炉丝接触。所用的坩埚钳子应该包有铂头，镍或不锈钢的钳子只能在低温时方可使用。

（4）下列的物质不能直接侵蚀或与其他物质共存下侵蚀铂，在使用铂器皿时应避免与这些物质接触易被还原的金属、非金属及其化合物，如银、汞、铅、铋、锑、锡和铜的盐类在高温下易被还原成金属，可与铂形成低熔点合金；硫化物和砷、磷的化合物可被滤纸、有机物或还原性气体还原，生成脆性磷化铂及硫化铂。

2. 金坩埚

金的价格较铂便宜，且不受碱金属氢氧化物和氢氟酸的侵蚀，故常用来代替铂器皿。但金的熔点较低（1063℃），故不能耐高温灼烧，一般须低于700℃使用。硝酸铵对金有明显的侵蚀作用，王水也不能与金器皿接触。金器皿的使用原则，与铂器皿基本相同。

3. 银坩埚

银器皿价格相对低廉，也不受氢氧化钾（钠）的侵蚀，在熔融状态仅在接近空气的边缘处略有侵蚀。

银的熔点为960℃，使用温度一般不超过750℃为宜，不能在火上直接加热。加热后表面会生成一层氧化银，在高温下不稳定，但在200℃以下稳定。刚从高温中取出的银坩埚不许立即用冷水冷却，以防产生裂纹。

浸取熔融物时不可使用酸，特别不能使用浓酸。

清洗银器皿时，可用微沸的稀盐酸（1+5），但不宜将器皿放在酸内长时间加热。

银坩埚的质量经烧灼会变化，故不适宜于沉淀的称量。

4. 镍坩埚

镍的熔点为1450℃，在空气中灼烧易被氧化，所以镍坩埚不能用于灼烧和称量沉淀。

镍具有良好的抗碱性物质侵蚀的性能，故在化验室中主要用于碱性熔剂的熔融处理。

氢氧化钠、碳酸钠等碱性熔剂可在镍坩埚中熔融，其熔融温度一般不超过700℃。

氧化钠也可在镍坩埚中熔融，但温度要低于500℃，时间要短，否则侵蚀严重，使带入溶液的镍盐含量增加，成为测定中的杂质。特别注意焦硫酸钾、硫酸氢钾等酸性溶剂和含硫化物的溶剂不能用于镍坩埚若要熔融含硫化合物时，应在有过量过氧化钠的氧化环境下进行。

熔融状态的铝、锌、锡、铅等的金属盐能使镍坩埚变脆。

银、汞、钒的化合物和硼砂等也不能在镍坩埚中灼烧。

5. 铁坩埚

铁坩埚的使用与镍坩埚相似，它没有镍坩埚耐用，但价格便宜，较适用于过氧化钠熔融，可代替镍坩埚。

参 考 文 献

[1]　张爕. 工业分析. 北京：化学工业出版社，2003.

[2]　吉分平. 工业分析. 北京：化学工业出版社，2008.

[3]　张小康，张正兢. 工业分析. 北京：化学工业出版社，2004.

[4]　李广超. 工业分析. 北京：化学工业出版社，2007.

[5]　中国标准出版社第二编辑室编. 有色金属工业标准汇编. 北京：中国标准出版社，2000.

[6]　张锦柱. 工业分析. 北京：化学工业出版社，1997.

[7]　王英健，张舵. 工业分析. 大连：大连理工大学出版社，2007.

[8]　周庆余. 工业分析综合实验. 北京：化学工业出版社，1991.

[9]　GB/T 475—1996. 商品煤样采取方法.

[10]　徐伏秋. 硅酸盐工业分析实验. 武汉：武汉工业大学出版社，1999.

[11]　岳桂华，付翠彦. 环境监测. 大连：大连理工大学出版社，2005.

[12]　GB/T 6679—2003. 固体化工产品采样通则.

[13]　GB/T 6680—2003. 液体化工产品采样通则.

[14]　GB/T 12151—2005. 锅炉用水和冷却水分析方法（浊度的测定）.

[15]　GB/T 2441.1—2001. 尿素测定方法（总氮含量的测定）.

[16]　刘善江. 化肥的质量标准与检测. 北京：中国计量出版社，2003.

[17]　张毂主编. 岩石矿物分析. 北京：地质出版社，1992.

[18]　岩石矿物编写组. 岩石矿物分析（第一分册、第二分册）. 北京：地质出版社，1991.